Schiffssicherung

Grundwissen
Lernhilfe
Prüfungsfragen

Sicher in die Schiffsmechanikerprüfung

500 Fragen mit Antworten

Grundlagen des Brandschutzes
Geräte und Anlagen zur Brandabwehr
Brandabwehr
Rettungsmittel und Handhabung
Verhalten in Seenot
Arbeitssicherheit und Unfallverhütung
Erste Hilfe

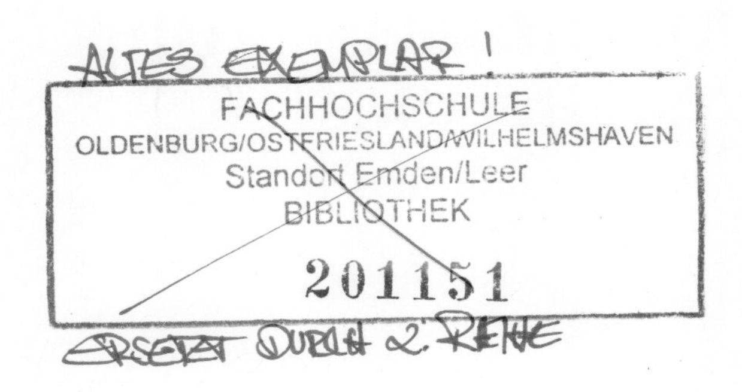

Bibliografische Information der Deutschen Bibliothek
Die Deutsche Bibliothek verzeichnet diese Publikation
in der Deutschen Nationalbibliografie; detaillierte bibliografische Daten
sind im Internet über http://dnb.ddb.de abrufbar.

Detlev Sakautzky
Schiffssicherung
Grundwissen, Lernhilfe, Prüfungsfragen

Berlin: Pro BUSINESS 2006

ISBN 3-939000-43-4

1. Auflage 2006

Produktion und Herstellung: Pro BUSINESS GmbH
Gedruckt auf alterungsbeständigem Papier
Printed in Germany

www.book-on-demand.de

Vorwort

Die Lernhilfe orientiert sich in ihrem Aufbau an den Rahmenlehrplan für den Ausbildungsberuf Schiffsmechaniker / Schiffsmechanikerin. Um die besondere Situation der Auszubildenden, ganzjähriger Einsatz an Bord auf unterschiedlichen Schiffstypen zu berücksichtigen, wurden alle für die Zwischen- und Abschlussprüfung erforderlichen Stoffgebiete im Fach Schiffssicherung in Fragen und Antworten erfasst. Dem Lernenden ist die Möglichkeit gegeben, den im Unterricht behandelten Lehrstoff und die in der Praxis erworbenen Kenntnisse zu wiederholen, zu ergänzen und zu festigen.

Der Inhalt der Lernhilfe umfasst die Lerngebiete:

- Grundlagen des Brandschutzes
- Geräte und Anlagen zur Brandabwehr
- Brandabwehr
- Rettungsmittel und ihre Handhabung
- Verhalten im Seenotfall
- Arbeitssicherheit und Unfallverhütung
- Erste Hilfe bei Unfällen

Die erste und zweite Spalte enthält das erforderliche Grundwissen. Hier sind alle für die Zwischen- und Abschlussprüfung erforderlichen Lerngebiete in Fragen und Antworten erfasst. Die dritte Spalte ergänzt die Antworten durch Fotos, Skizzen, gekürzte Aussagen und Hinweise.

Die Lernhilfe kann weiter genutzt werden für den Erwerb, die Festigung und Wiederholung von theoretischen Kenntnissen in der

- Sicherheitsgrundausbildung und Unterweisung für Seeleute(Basic Safety Training)
- Ausbildung zum Rettungsbootsmann und zum Feuerschutzmann (Survival Craft and Rescue Boat, Advanced Fire Fighting)
- Ausbildung zum Rettungsbootsmann für schnelle Bereitschaftsboote (Fast Rescue Boat)
- Ausbildung zum Feuerschutzmann in fortschrittlicher Brandbekämpfung
- Ausbildung für die Erste Hilfe (First Aid at Sea)
- Schiffssicherungsausbildung für Küsten- und Hochseefischer
- Schiffssicherungsausbildung für Binnenschiffer
- Schiffssicherungsausbildung für das maritimen Personals der Wasserschutzpolizei, der Hafenfeuerwehr und des Zolls
- Sportschifffahrt und
- persönlichen Vorbereitung für die berufliche Aus- und Fortbildung im maritimen Bereich.

Bei der Beantwortung der Fragen ist es sinnvoll, die Lösungsspalte zunächst abzudecken.

Des Öfteren sind die Antworten umfangreicher als in der Fragestellung verlangt wurde. Dieses Verfahren wurde gewählt, um die Auszubildenden gründlicher zu informieren. Das Inhaltsverzeichnis und das Stichwortverzeichnis unterstützen das schnelle Auffinden der gewünschten Prüfungsinhalte.

Das Wörterverzeichnis Deutsch - Englisch unterstützt das Lernen der englischen Fachbegriffe, die für die Kommunikation an Bord von großer Bedeutung sind.

Der Autor dankt

- den Lehrern und Ausbildern der Schifffahrtsschule Rostock, Herrn Friedrich-Wilhelm Benecke und Herrn Torsten Falke für die fachliche Beratung, die zur Verfügung gestellten Fotos und gegebenen Hinweise bei der Durchsicht des Manuskriptes.

- Herrn Kapitän Helmut Langer und Herrn Schiffsingenieur Axel Michalok für die zur Verfügung gestellten Fotos und die fachliche Beratung.

- Herrn Diplom Ingenieur Bernd Donat der Fachschule für Seefahrt in Rostock-Warnemünde für die fachliche Beratung und Zuarbeit.

- den vielen Auszubildenden, die Fotos aus ihrer Bordpraxis für die Erarbeitung der Lernhilfe zur Verfügung stellten und

- dem VDR – Verband deutscher Reeder und ver.di – Vereinigte Dienstleistungsgewerkschaft, Fachgruppe Schifffahrt, die den Erstdruck der Lernhilfe finanzierten.

Das vom Verlag gezahlte Nettohonorar wird dem DSR Kinderhilfsfonds Rostock e.V. zur Verfügung gestellt.

Allen, die mit der Lernhilfe arbeiten, wünsche ich persönlich Erfolg. Für Anregungen und Verbesserungsvorschläge würde ich mich sehr freuen.

Der Autor

Inhaltsverzeichnis

Seite

Rettungsmittel und Handhabung (135 Fragen)

Verhalten im Seenotfall (15 Fragen)

Arbeitssicherheit und Unfallverhütung (40 Fragen)

Erste Hilfe (35 Fragen)

Grundlagen des Brandschutzes

Temperatur, Wärme, Verbrennung

1.
Was versteht man unter Temperatur?

Die Temperatur kennzeichnet den Wärmezustand eines Stoffes.

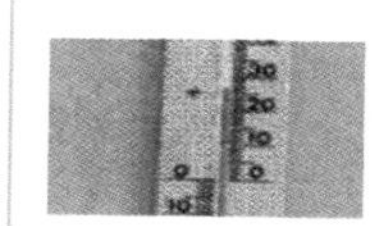

2.
Welche Einheiten hat die Temperatur?

Temperatureinheiten sind Grad Celsius, Kelvin und Grad Fahrenheit. Für die Temperaturmessung wird Grad Celsius und Grad Fahrenheit verwendet. In Kelvin wird die Temperaturdifferenz angegeben.

- **Thermometer für den Maschinenraum**

3.
Was ist Wärme?

Die Wärme ist eine Form der Energie. Beim Brennvorgang wird chemische Energie in Wärmeenergie umgewandelt. Die Maßeinheit der Wärme ist das Kilojoule (kJ).

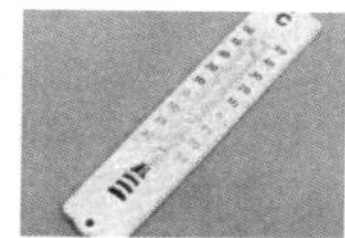

- **Thermometer für Luft**

4.
Was ist Verbrennungswärme?

Die Verbrennungswärme, auch Heizwert oder Brennwert genannt, ist die Wärme, die bei der vollständigen Verbrennung eines Stoffes frei wird.

Die Maßeinheit bei
- **festen Stoffen**: Joule pro Kilogramm (J / Kg)
- **gas und dampfförmigen Stoffen:** Joule pro Kubikmeter (J / m^3)

5.
Was ist eine Verbrennung?

Eine schnell verlaufende Oxydation mit einer Lichterscheinung, dem Feuer.

6.
Von welchen Voraussetzungen ist der Verbrennungsvorgang abhängig?

Der Verbrennungsvorgang ist von folgenden, gleichzeitig zusammenhängenden Voraussetzungen abhängig:
Es muss
- ein brennbarer Stoff
- Sauerstoff (zwischen 11 und 21 Vol.-%) und
- Zündenergie

vorhanden sein.
Der brennbare Stoff muss mit dem Sauerstoff im richtigen Mengenverhältnis stehen. Fehlt einer dieser Punkte, wird der Verbrennungsvorgang unterbrochen.

- **Verbrennungvorgang**

Grundlagen des Brandschutzes

Frage	Antwort	Stichworte
7. Was sind brennbare Stoffe?	Brennbare Stoffe sind feste, flüssige und gasförmige Stoffe (sowie Dämpfe, Nebel, Stäube), die im Gemisch oder in Berührung mit Sauerstoff zum Brennen gebracht werden können.	• **feste** • **flüssige** • **gasförmige Stoffe** **plus** • **Sauerstoff**
8. Welche Eigenschaften sind für die Beurteilung der Brandgefährlichkeit eines Stoffes von Bedeutung?	Folgende Eigenschaften sind von Bedeutung: • Entzündbarkeit • Brennbarkeit • Verbrennungswärme • Verbrennungstemperatur. Für die Brandabwehr an Bord ist die Entzündbarkeit eines Stoffes von besonderer Bedeutung. Es gibt leicht, normal und schwer entzündbare Stoffe.	• **leicht (z.B. Holzwolle)** • **normal (z.B. Holz)** • **schwer (mit Flammschutzmittel behandelt)**
9. Wovon hängt die Entzündbarkeit eines Stoffes ab?	Die Entzündbarkeit eines Stoffes ist abhängig von der chemischen Zusammensetzung, seinem Zustand, seinen Stoffeigenschaften und der Art und Einwirkungsdauer der Zündquelle.	
10. Was versteht man unter entzünden?	Unter Entzünden versteht man den Beginn des Brennens. Das Entzünden eines Stoffes kann durch eine von außen zugeführte Zündenergie und durch Selbstentzündung ohne Einfluss von außen eingeleitet werden.	
11. Wann wird eine Zündung möglich?	Eine Zündung wird möglich, wenn durch eine Erwärmung des brennbaren Stoffes sich Gase oder Dämpfe bilden und sich mit Sauerstoff durchmischen.	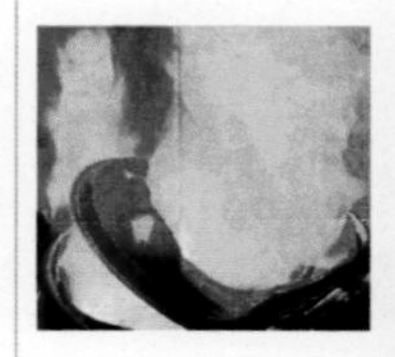
12. Welche Eigenschaften hat Sauerstoff?	Sauerstoff ist ein farbloses, geruchloses und geschmackloses Gas. Er brennt nicht, fördert aber die Verbrennung. Er ist schwerer als Luft. Unter Normalbedingungen befinden sich 21 % Sauerstoff in der Luft.	• **farblos** • **geruchlos** • **schwerer als Luft**

Grundlagen des Brandschutzes

13.
Welchen Einfluss hat das Verhältnis Oberfläche zu Masse auf die Verbrennung?

Durch eine große Oberfläche wird dem Sauerstoff die Möglichkeit gegeben, sich schnell mit sehr vielen Molekülen des brennbaren festen Stoffes zu verbinden.

14.
Was versteht man unter dem Zündpunkt, Flammpunkt, der Mindestverbrennungstemperatur und dem Brennpunkt?

Die niedrigste Temperatur, bei der durch Fremdzündung eine Feuerscheinung auftritt, wird bei festen Stoffen als Zündpunkt und bei flüssigen Stoffen als Flammpunkt bezeichnet. Die niedrigste Temperatur, bei der durch Fremdzündung ein Feuer entsteht, das nach Entfernen der Zündquelle weiter brennt, wird bei festen Stoffen als Mindestverbrennungstemperatur und bei flüssigen Stoffen als Brennpunkt bezeichnet.

- **<u>Zündtemperaturen</u>:**

Holzkohle 350°C
Schwefel 250°C
Papier 185 bis 360°C
Holz 220 - 360°C

Selbstentzündung

15.
Wie kommt es zur Selbstentzündung?

Sobald ein Stoff oxidiert und die entstehende Wärme aufgestaut wird, kann durch die Temperatursteigerung die Zündtemperatur des Stoffes erreicht werden und es kommt zur Selbstentzündung. Folgende Umstände begünstigen die Selbstentzündung:

- hohe Umgebungstemperaturen (z.B. Übernahme von Expeller, Fischmehl in tropischen Häfen)
- Feinkörnigkeit bzw. große Oberflächen von brennbaren Stoffen (z.B. Fettkohle, fettige Baumwolle, Putzlappen)
- wärmeerzeugende Bakterien, die organische Stoffe erhitzen (z.B. feuchtes Fischmehl)

- **Selbstentzündung**

Mindesttemperatur

Wärme

Erscheinungsformen des Feuers

16.
Welche Erscheinungsformen hat das Feuer?

Flamme und Glut können einzeln oder auch gleichzeitig auftreten. Die Erscheinungsform ist abhängig von der Art des brennbaren Stoffes. Gasförmige Stoffe und flüssige Stoffe nach Übergang in die Dampfform verbrennen als Flammen.

Entgaste feste Stoffe verbrennen mit Glut.

Feste Stoffe, die sich bei der Erwärmung in gasförmige Bestandteile und festen Kohlenstoff zersetzen verbrennen mit Flammen und Glut.

Farbe des Ausgestrahlten Lichtes:

- **Grauglut 400 °C**
- **Rotglut 800 °C**
- **Gelbglut 1100 °C**
- **volle Weißglut 1500 °C**

Grundlagen des Brandschutzes

17.
Was versteht man unter einer Flamme?

Die Flamme ist der sichtbare Teil eines aus drei Teilen bestehenden Gasstromes, der aus
1. **dem Zuluftstrom**
2. **der Reaktionszone**
3. **dem Abgasstrom**

besteht.

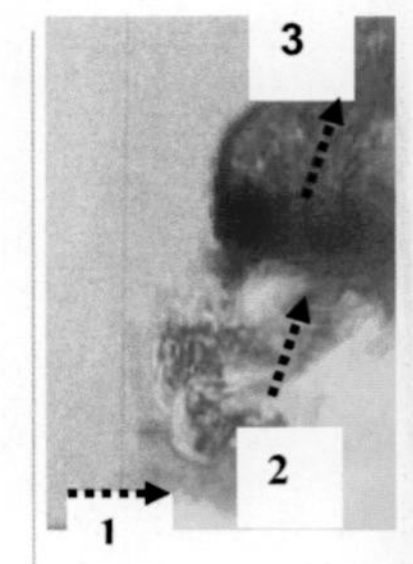

Brandklassen

18.
Was sind Brandklassen?

Brandklassen sind Gruppeneinteilungen brennbarer Stoffe. Die Brandklassen teilen die brennbaren Stoffe nach ihrem Brandverhalten ein.

19.
Nach welchen Gesichtspunkten erfolgt die Unterteilung in Brandklassen?

Es wird in die Brandklassen A, B, C, und D unterschieden:

- A = Brände fester Stoffe

  z.B.
  Holz, Papier, Kohle

- B = Brände flüssiger und flüssig werdender Stoffe

  z.B.
  Benzin, Öl, Fette, Kunststoffe

- C = Brände gasförmiger Stoffe

  z.B.
  Propan, Acetylen

- D = Brände von Metallen

  z.B.
  Aluminium, Magnesium, Natrium, Kalium

Arten der Verbrennung

20.
Was ist eine unvollkommene Verbrennung?

Eine unvollkommene Verbrennung findet unter Sauerstoffmangel statt. Es entsteht Kohlenmonoxyd. Es ist leichter als Luft und setzt sich in den oberen Hälften von Räumen ab.

Grundlagen des Brandschutzes

21.
Was ist ein Flash-over? (Bezeichnung an Bord)

Flash-over ist die Bezeichnung für eine Durchzündung, die auch Feuerübersprung genannt wird. Ein Flash-over entsteht, wenn unvollständig verbrannte Stoffe bei einem plötzlichen Sauerstoffzutritt schlagartig durchzünden.

- **Flash-over**

22.
Was ist eine Verpuffung?

Eine Verpuffung ist eine schnell ablaufende Verbrennung von explosionsfähigen Gemischen. Eine geringe Wärmefreisetzung, eine niedrige Verbrennungsgeschwindigkeit und eine geringe Druckwelle sind Merkmale einer Verpuffung.

- **Die Fortpflanzungsgeschwindigkeit liegt bei cm / s**

23.
Was ist eine Explosion?

Eine Explosion ist eine Verbrennung unter starker Druck-, Wärme- und Lichtentwicklung. Es können Folgebrände ausgelöst werden.

- **Die Fortpflanzungsgeschwindigkeit liegt bei m / s**

24.
Was ist eine Detonation?

Eine Detonation ist eine rasch ablaufende Explosion mit sehr großer Wärmefreisetzung, sehr großer Flammengeschwindigkeit und extremer Druckwirkung.

- **Die Fortpflanzungsgeschwindigkeit liegt bei km / s**

25.
Was ist eine Deflagration?

Die Deflagration ist eine gedämmte Explosion mit einer Flammenausbreitungsgeschwindigkeit unter der Schallgrenze und einem Druckanstieg bis zu 14 bar.

- **Die Fortpflanzungsgeschwindigkeit liegt bis 330 m / s**

Wirkungen der Wärme

26.
Welche Wirkungen hat die Wärme?

Es kommt zur Änderung der Temperatur und des Aggregatzustandes, zur Ausdehnung der Stoffe, zur Druckerhöhung in geschlossenen Systemen und zur Änderung der Festigkeit von Stoffen.

- **Temperatur**
- **Aggregatzustand**
- **Druck**
- **Ausdehnung**
- **Festigkeit**

Wärmeübertragung

27.
Wie erfolgt die Wärmeübertragung?

Die Übertragung von Wärme ist möglich durch Wärmeleitung, Wärmestrahlung und Konvektion. Um Wärmeleitung handelt es sich, wenn die Wärme von einer Stelle mit hoher Temperatur durch Übertragung zu einer Stelle mit niedriger Temperatur gelangt.

Gute Wärmeleiter:

- **Stahl**
- **Eisen**
- **Kupfer**

Die Übertragung von Wärme in Gasen oder Flüssigkeiten erfolgt durch Konvektion. Kritische Stellen an Bord sind die Lüfterkanäle, Gänge und Treppenhäuser, offene Schotten und Türen. Die umströmten Stoffe werden entzündet.

Wärmestrahlung ist die elektromagnetische Strahlung, die ein Stoff infolge seiner Temperatur unter Abgabe eines Teiles seines Wärmeinhaltes an die Umgebung abgibt. Die Wärmestrahlen durchdringen den freien Raum und können erhebliche Entfernungen überbrücken. Sie breiten sich geradlienig aus, mit zunehmender Entfernung erfolgt eine Intensitätsabnahme.

Schlechte Wärmeleiter:

- **Holz**
- **Wolle**
- **Gummi**
- **Plaste**
- **Wasser**

Gefahrenklassen

28. Welche Gefahrenklasseneinteilungen wurden in der Verordnung über brennbare Flüssigkeiten vorgenommen?

Zur Gefahrenklasse A gehören Flüssigkeiten, die einen Flammpunkt nicht über 100°C haben und hinsichtlich der Wasserlöslichkeit nicht die Eigenschaften der Gefahrenklasse B aufweisen und zwar

Gefahrenklasse A I
Flüssigkeiten mit einem Flammpunkt unter 21°C

- **Benzin**
- **Benzol**

Gefahrenklasse A II
Flüssigkeiten mit einem Flammpunkt von 21°C bis 55°C

- **Terpentinöl**
- **Petroleum**

Gefahrenklasse A III
Flüssigkeiten mit einem Flammpunkt über 55°C bis 100°C

- **Dieselkraftstoff**
- **Heizöl**

Gefahrenklasse B
Flüssigkeiten mit einem Flammpunkt unter 21°C, die sich bei 15°C in Wasser lösen oder deren brennbare flüssige Bestandteile sich bei 15°C in Wasser lösen.

- **Aceton**
- **Alkohol**

Werkstoffe

29. Wann spricht man von nichtbrennbaren Werkstoffen?

Es handelt sich um Werkstoffe, die keine entzündbaren Gase oder Dämpfe in solcher Menge freisetzen, die sich bei Erhitzung auf etwa 750°C selbst entzünden.

30. Was sind schwer entflammbare Werkstoffe?

Werkstoffe, Gewebe und Anstrichmittel, die die Ausbreitung eines Brandes verhindern oder in einem ausreichenden Maße einschränken.

Grundlagen des Brandschutzes

Stichflamme, Flugfeuer, Brandgase

31. Was ist eine Stichflamme?

Eine Stichflamme ist ein bis zu vielen Metern reichender, kurzzeitig auftretender Flammenstrahl.

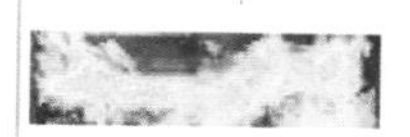

32. Wann spricht man von Flugfeuer?

Flugfeuer ist der durch Auftrieb oder Wind verursachte Flug größerer Teile von brennbaren Stoffen.

33. Was sind Brandgase?

Brandgase sind ein gasförmiges Gemisch aus
- Qxyden, die bei Bränden entstehen sowie
- inerten Anteilen
- und Pyrolyseprodukten.

Löschmittel

34. Welche Löschmittel kommen an Bord zum Einsatz?

Zum Einsatz kommen:
- Löschwasser
- Schaum
- Pulver
- Kohlendioxyd.
- Sonderlöschmittel.

35. Welche Löschwirkungen werden beim Einsatz der Löschmittel erreicht?

Das Löschmittel kühlt die brennbaren Stoffe ab. Damit wird die Wärme entzogen, die erforderlich ist, um die Verbrennung aufrechtzuerhalten..

Abkühlen:
- **erwärmen**
- **verdampfen**

Durch Ersticken (Verdünnen des Sauerstoffgehaltes, Abmagern von brennbaren Stoffen, Trennen der brennbaren Stoffe vom Sauerstoff) wird das Mengenverhältnis verändert und die Verbrennung unterbunden.

Ersticken:
- **verdünnen**
- **abmagern**
- **Trennen des brennbaren Stoffes vom Sauerstoff**

Bei der antikatalytischen Löschwirkung werden die für die Verbrennung mit Flammen notwendigen Radikale durch Rekombination unwirksam gemacht.

Antikatalytische Wirkung
- **Heterogene Inhibition**

Löschwasser

36. Welche wesentlichen Löscheffekte hat das Löschwasser?

Kühleffekt durch Entzug von Verdampfungswärme. Stickeffekt durch Volumenvergrößerung beim Verdampfen. Des weiteren Tiefenwirkung bei Einpressen in tiefere Glutschichten und Kapilarwirkung durch selbsttätiges Eindringen in poröses Material.

- **Kühleffekt**
- **Stickeffekt**
- **Tiefenwirkung**
- **Kapillarwirkung**

Grundlagen des Brandschutzes

Frage	Antwort	Hinweis
37. Welches sind die spezifischen Daten des Löschwassers?	Spezifische Daten sind: • Schmelzpunkt 0°C • Siedepunkt 100 °C • Höchste Dichte bei 4 °C • Verdampfungsenthalpie 2.256 kJ / kg Die elektrische Leitfähigkeit richtet sich nach dem Anteil der Beimengungen des Wassers.	• **1 Liter Wasser ergibt ca 1700 Liter Wasserdampf**
38. Welches sind die Vorteile des Löschwassers?	Die Vorteile des Löschwassers sind: Es ist • unerschöpflich vorhanden • kostengünstig • chemisch neutral • geruch- und geschmacklos • ungiftig • bindet große Wärmemengen • gut förderbar über große Entfernungen • ermöglicht große Spritzweiten und Wurfhöhen • fein verteilbar.	 • **Brandabwehr mit Löschwasser**
39. Welches sind die Nachteile des Löschwassers?	Die Nachteile des Löschwassers sind: • die Schäden durch das Löschwasser können erheblich sein • das Gewicht des Löschwassers kann die Stabilität des Schiffes gefährden; erhebliche Gewichtszunahme durch das Gewicht des Wassers • die Eindringfähigkeit in poröse Stoffe • die sprengende Wirkung bei Frost.	
40. Wann darf das Löschwasser nicht verwendet werden?	Löschwasser darf nicht verwendet werden: • als Vollstrahl bei Flüssigkeitsbränden (verursacht Fettexplosionen) • bei Metallbränden (heftige Reaktionen).	• **Vorsicht beim Einsatz an elektrischen Anlagen und bei staubförmigen Stoffen !**
41. Welche Gefahr entsteht bei der Ansammlung von brennbaren Stäuben?	Bei Luftdurchzug oder löschtechnischen Fehlern, z.B. Vollstrahl statt Sprühstrahl, wird der Staub aufgewirbelt und kann mit der Umluft eine zündfähige Atmosphäre bilden.	

42.
Welcher Unterschied besteht zwischen einem Vollstrahl und einem Sprühstrahl?

Der Vollstrahl hat auf Grund seiner großen Austrittsgeschwindigkeit eine größere Auftreffwucht und größere Wurfweite; die Wärmebindung jedoch ist gering.
Beim Sprühstrahl wird das Wasser in Tröpfchen zerlegt, das Wasser hat daher eine größere Wärmebindung.

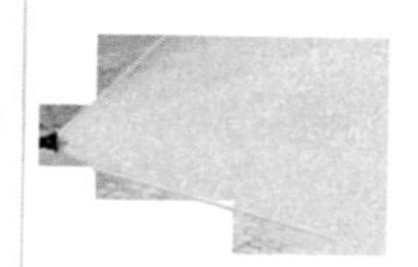

- **Sprühstrahl**

43.
Welche Gefahr besteht bei Metallbränden, sobald sie mit Wasser in Berührung kommen?

Durch die hohe Brandtemperatur wird Wasser in seine Bestandteile, Wasserstoff und Sauerstoff, zerlegt. Hierbei entsteht hochexplosives Knallgas.

44.
Welche Regeln gelten beim Löschen mit Wasser an elektrischen Anlagen?

Bei Niederspannung ist der Abstand von 1 m bei Sprühstrahl und 5 m bei Vollstrahl einzuhalten. Bei Hochspannung ist ein Abstand von 5 m bei Sprühstrahl und 10 m bei Vollstrahl einzuhalten.

Kohlendioxyd

45.
Welchen Hauptlöscheffekt hat Kohlendioxyd?

Das Kohnendioxyd verdrängt durch seine höhere Masse die Umgebungsluft und lagert sich über dem Brandgut ab. Dabei verhindert es den Kontakt des Brandgutes mit dem Luftsauerstoff.

Luft

Kohlendioxyd

46.
Welche Eigenschaften hat Kohlendioxyd?

Kohlendioxyd ist
- farblos
- geruchlos
- geschmacklos
- schwerer als Luft
- mit etwa 0,03 Vol.-% in der Luft vorhanden
- bis 4 Vol.-% in der Atemluft für den Mensch ungefährlich
- ab 5 bis 10 Vol.-% lebensgefährlich
- ab etwa 11 Vol-% tödlich.

Die löschwirksame Konzentration muss mindestens 30 Vol.-% betragen.

Formen des Einsatzes:
- **CO_2 - Gas**
- **CO_2 - Schnee**
- **CO_2 – Aerosol**

47.
Warum ist CO_2 das sauberste Löschmittel?

Das Kohlendioxyd wird innerhalb kurzer Zeit rückstandslos verdampft.

48.
Warum eignet sich Kohlendioxyd nicht für die Abwehr auf dem freien Deck?

Kohlendioxyd ist flüchtig. Der Wind kann die Kohlendioxydwolke aus einandertreiben und der Sauerstoff gelangt wieder an das heiße Brandgut.

49.
Welche Gefahr besteht für die Besatzung beim Löschen mit Kohlendioxyd?

Es besteht Erstickungsgefahr, da sich das Kohlendioxyd im unteren Teil des Schiffsraumes sammelt und den Sauerstoff aus der Atemluft verdrängt. Geschlossene Räume, die mit Kohlendioxyd geflutet sind, dürfen nur mit Pressluftatmer betreten werden.

50.
Für welche Brandklassen eignet sich das Kohlendioxyd?

Es eignet sich für die Brandabwehr der Brandklassen B und C.

51.
Warum wird Kohlendioxyd für die Brandabwehr bei Bränden in elektrischen und elektronischen Einrichtungen bevorzugt?

Das Kohlendioxyd ist im Gegensatz zu Wasser, Schaum und Pulver nichtleitend. Als Gas hinterlässt es keine Rückstände.

- **Maschinenkontrollraum**

52.
Warum eignet sich Kohlendioxyd nicht zum Löschen von Metallbränden?

Bei den entstehenden hohen Temperaturen wird das Kohlendioxyd in Kohlenmonoxyd und Sauerstoff zersetzt. Sauerstoff fördert die Brandentwicklung. Das Kohlenmonoxyd bewirkt eine Verpuffungsgefahr.

Schaum

53.
Auf welchen Prinzipien beruht der Hauptlöscheffekt beim Schaum?

Schaum ist leichter als alle brennbaren Flüssigkeiten, schwimmt auf der Flüssigkeitsoberfläche und bildet eine Sperrschicht zur Luft; durch seinen Wasseranteil entsteht Luftschaum. Eine Kühlwirkung entsteht durch den Wasseranteil.

Bestandteile
- **beigemischte Schaummittel**
- **Wasser**
- **Luft**
- **andere Treibgase**

Frage	Antwort	Hinweis
54. Was versteht man unter einem Schaummittel?	Das Schaummittel ist ein flüssiger Zusatz zum Löschwasser.	
55. Wie erfolgt die Erzeugung von Löschschaum?	Der Löschschaum entsteht durch Zuführung von Luft in den Schaumstrahlrohren an der Brandstelle.	
56. Was gibt die Verschäumungszahl VZ an?	Die Verschäumungszahl gibt die Vervielfachung des Volumens der verschäumten Flüssigkeit an.	$VZ = \frac{V}{m}$
57. Welche Arten von Schaum unterscheidet man nach der Verschäumungszahl?	• Leichtschaum : Verschäumungszahl über 200 • Mittelschaum : Verschäumungszahl 20 bis 200 • Schwerschaum : Verschäumungszahl 4 bis 20	• **VZ = 100 Aus 1 Liter zu verdünnender Flüssigkeit entstehen 100 Liter Schaum**
58. Wo findet der Löschschaum an Bord Verwendung?	Hauptanwendungsgebiet ist das Löschen von Flüssigkeitsbränden. Das Löschen von brennbaren festen Stoffen ist möglich. Der Löschschaum bedeckt den Brandherd und wirkt überwiegend durch Ersticken. Die Kühlwirkung ist bei Schwerschaum durch den hohen Wasseranteil am größten. Bei Flüssigkeitsbränden ist eine geschlossene Schaumdecke von mindestens 15 cm Dicke erforderlich. Mittelschaum findet überwiegend in mobilen Anlagen Anwendung. Mittel- und Schwerschaum sollen im Bereich spannungsführender Teile nicht eingesetzt werden.	
59. Nach welchen Gesichtspunkte werden Schaummittel eingeteilt?	Die Einteilung erfolgt nach ihrer chemischen Zusammensetzung und nach ihrer Verschäumungszahl.	

60.
Welche Schaummittel können in Abhängigkeit ihrer Zusammensetzung zum Einsatz kommen?

Es können zum Einsatz kommen:

- Proteinschaummittel
- Fluorproteinschaummittel
- wasserfilmbildende Schaummittel
- wasserfilmbildende Proteinschaummittel
- alkoholbeständige Schaummittel.

61.
Was versteht man unter der Wasserhalbzeit?

Mit der Wasserhalbzeit wird ausgedrückt, wie schnell sich der Schaum zurückbildet. Es ist die Zeitspanne die vom Moment der Schaumaufgabe vergeht bis die Hälfte des im Schaum enthaltenen Wassers ausgeschieden ist.

Richtwerte:

- **Mittelschaum mindestens 15 min**
- **Leichtschaum maximal 10 % Volumenverringerung innerhalb von 10 min**
- **Schwerschaum mindestens 10-20 min**

Löschpulver

62.
Wie wirkt Löschpulver?

Es wird mittels eines Treibgases in Form einer Löschpulverwolke an den Brandherd gebracht. Es bildet zuerst eine luftverdrängende Pulverwolke und danach eine Sauerstoffsperrschicht auf dem Brandgut. Die Pulverwolke wirkt bei Flammenbränden schlagartig reaktionshemmend und erstickend durch Verringerung des Sauerstoffanteils im reaktionsfähigen Bereich. Bei Glut wirkt das Löschpulver durch die Schmelzfähigkeit des Pulvers trennend.
Löschpulver für glühende Metalle wirken erstickend und abdeckend.
Beim Löschen von Bränden an elektrischen Anlagen, die Niederspannung führen, ist ein Sicherheitsabstand von mindestens 1 m einzuhalten. Bei Hochspannungsanlagen darf nur BC - Pulver verwendet werden. In elektrischen Anlagen können sich durch abgelagertes BC-Löschpulver elektrisch leitfähige Beläge bilden.

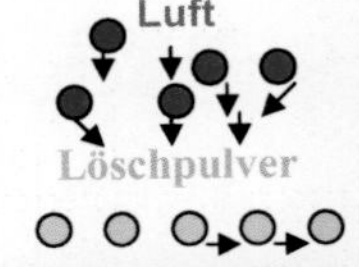

brennbarer Stoff

63.
Wann handelt es sich um ein Löschpulver?

Beim Löschpulver handelt es sich um ein chemisches Löschmittel, das aus einem speziellen, wasserabstoßenden Pulver und verschiedenen Salzen besteht.

- **Schmelzpunkt der Salze:**

200 bis 300 °C

Grundlagen des Brandschutzes

Frage	Antwort	Hinweis
64. Welche Arten von Löschpulver gibt es ?	• ABC - Löschpulver • BC - Löschpulver • D - Löschpulver	A B C B C D
65. Welchen Vorteil haben Löschpulver gegenüber Wasser oder Kohlendioxyd?	Löschpulver lassen sich bei der Brandabwehr aller Brandklassen nutzen und erzeugen keine zusätzlichen Gefahren.	• **Vorsicht in engen Räumen**
66. Warum verklumpt Löschpulver nicht ?	Löschpulver ist mit wasserabstoßenden Substanzen versehen.	
67. Welchen Einfluss hat die Körnfähigkeit des Löschpulvers auf die Löschfähigkeit?	Löschpulver mit feiner Korngröße hat eine größere Oberfläche, die Pulverwolke kann sich sehr leicht verteilen. Die Korngröße hat weiter Einfluss auf die Rieselfähigkeit und Fließfähigkeit und damit auf die Wurfweite.	• **Durchmesser des Löschpulverteilchens**: **0,02 bis 0,1 mm**
68.. Für welche Arten von Bränden wird BC-Pulver eingesetzt?	BC- Pulver wird eingesetzt bei Bränden der • Brandklasse B (flüssige und flüssig werdende Stoffe) • Brandklasse C (gasförmige Stoffe)	**z.B.** • **Benzin, Öle, Fette** **z.B.** • **Acetylen**
69. Wie ist die Wirkungsweise von D- Löschpulver?	Das Löschpulver hat einen hohen Schmelzpunkt und schmilzt im Kontakt mit dem brennenden Metall. Das Pulver bildet an der Oberfläche des brennenden Metalls eine luftabschließende Kruste.	**Pulver**
70. Woraus besteht das D-Löschpulver?	D-Löschpulver besteht aus Natriumchlorid mit den Zusätzen: • Bariumsalze • Soda • Graphit • Phosphatglas	

Grundlagen des Brandschutzes

71.
Was ist INERGEN?

Inergen ist ein nichtbrennbares, farbloses, geruch- und geschmackloses technisches Gas. Die Bezeichnung INERGEN stammt aus den Wortteilen Inertgas und Nitrogen.

72.
Was bedeutet die Bezeichnung „inert“?

Inert bedeutet:

- reaktionsträge
- reaktionsunfähig

Betrieblicher Brandschutz

73.
Was beinhaltet der betriebliche Brandschutz?

Der betriebliche Brandschutz beinhaltet insbesondere:

- die sichere Lagerung von brennbaren Arbeitsstoffen
- die Durchführung von Schutzmaßnahmen beim Betreten gefährlicher Räume
- die Planung und Durchführung von Schutzmaßnahmen bei Schweiß- und Feuerarbeiten
- die Wartung, Instandhaltung und Revision von Anlagen und Geräten der Brandabwehr
- die Planung und Durchführung von Feuerronden
- die Ausrüstung des Schiffes mit Brandschutzmittel
- die Durchführung von Brandschutzübungen mit der Besatzung
- die Belehrung der Besatzungsmitglieder zum vorbeugenden Brandschutz
- die Sicherheitskennzeichnung nach SOLAS und IMO
- die Organisation und Durchführung der Aus- und Weiterbildung der Besatzung auf dem Gebiet des Brandschutzes
- die Aktualisierung des Brandschutz- und Sicherheitsplanes

- **Belehrung der Besatzung**

- **Übung**

Baulicher Brandschutz

74.
Was beinhaltet der bauliche Brandschutz an Bord und welche Symbole finden im Sicherheits- und Brandschutzplan u.a. Verwendung?

Der bauliche Brandschutz beinhaltet u.a.

- die Unterteilung des Schiffes in Hauptbrandabschnitte und Trennflächen
- die spezielle Anordnung und Ausführung von Brandschutztüren, Brandklappen und anderen Verschlusseinrichtungen
- die Flucht- und Rettungswege

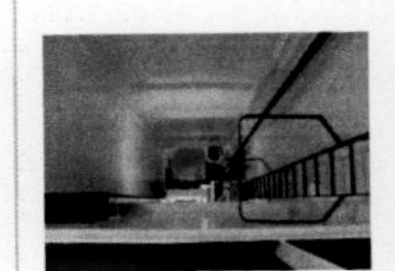

- **Flucht und Rettungsweg**

Grundlagen des Brandschutzes

- **Symbol für Fluchtweg**

- **Symbole für Schotte / Decks**

- **Symbol für Feuerlösch-pumpe**

- die Melde- und Alarmgeräte
- die Feuerlöschpumpen
- die Feuerlöschanlagen und Geräte
- den Notstromgenerator
- die Notstromschalttafel
- die Absperrorgane

- **Symbol für Brandschutz - klappe im Lüftungskanal**

- **Symbol für Notfeuer-löschpumpe**

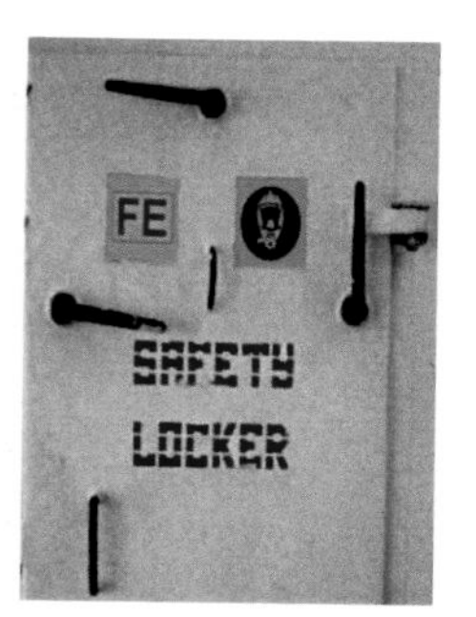

- **Symbol für Brand-schutztür selbst-schließend**

- die Anlagen, in denen brennbare Flüssigkeiten, Druckgase oder Gefahrstoffe verwendet, befördert oder gelagert werden.

- **Symbol für Notstrom-generator**

Vorschriften, Durchführung und Kontrolle

75.
Wer erlässt Vorschriften für den betrieblichen und baulichen Brandschutz und kontrolliert deren Durchführung?

Die See-Berufsgenossenschaft hat u.a. die Aufgabe, Unfälle und Brände zu verhindern. Sie erlässt und kontrolliert Vorschriften auf dem Gebiet des Unfall- und Brandschutzes. Sie überwacht im Auftrag des Bundes die Schiffssicherheitsvorschriften auf deutschen und ausländischen Schiffen. Bei gravierenden Mängeln kann das Schiff vorübergehend festgehalten oder ganz aus dem Verkehr gezogen werden.

- **See-Berufs-genossen-schaft**

Geräte und Anlagen zur Brandabwehr

1.
Wie wird die Brandabwehr an Bord sicher-gestellt?

Für die Brandabwehr an Bord finden
- Brandmeldeanlagen
- Alarmanlagen
- Brandlöschgeräte
- Brandlöschanlagen
- Atemschutzgeräte
- Gasmessgeräte und die
- Brandschutzausrüstung nach SOLAS

Anwendung.

Brandmeldeanlagen

2.
Wie erfolgt die Meldung bzw. Anzeige über den Ausbruch eines Feuers an Bord?

Die Meldung über den Ausbruch eines Feuers an Bord erfolgt durch Feuermeldeanlagen oder durch Besatzungsmitglieder, die den Ausbruch erkennen.

- **Brandausbruch**

3.
Welches sind die Bestandteile der Feuermeldeanlage und welche Aufgaben haben sie zu erfüllen?

Bestandteile der Feuermeldeanlage sind:

- die Feuermelder
- das Übertragungssystem und
- die Feuermeldezentrale.

Die Feuermeldezentrale ist auf der Brücke oder in der Hauptfeuerkontrollstation installiert. Die Feuermelder sind in den Räumen und Decks des Schiffes installiert. Den Brand schon in der Entstehungsphase zuerkennen und automatisch zu melden ist Aufgabe der Feuermelder. In der Feuermeldezentrale erfolgt auf einem Anzeigetableau die Anzeige des Brandabschnittes.

- **Kommandobrücke**

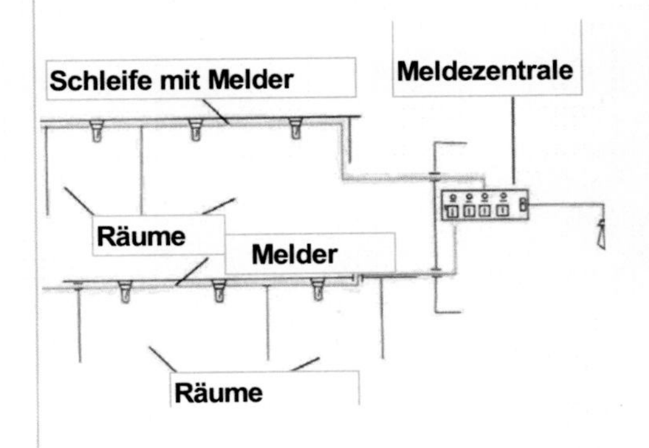

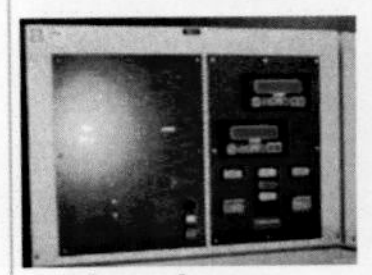

- **Anzeigetableau**

Geräte und Anlagen zur Brandabwehr

4.

Welche Parameter werden durch die automatischen Feuermelder überwacht?

Die automatischen Feuermelder überwachen
- die Temperatur,
- den Aerosolgehalt der Luft,
- die infrarote Strahlung,

die bei einem Brand auftreten. Weicht die zugrunde gelegte Kenngröße vom Normalwert ab, wird in der Brandmeldezentrale ein akustisches und optisches Signal ausgelöst.

5.

Welche Feuermelder kommen u.a. an Bord zum Einsatz?

In Abhängigkeit des Funktionsprinzips kommen
- optische Rauchmelder
- Differenntial-Maximal-Wärmemelder
- Ionisations-Rauchmelder
- Funken-und Flammenmelder
- Multifunktionsdetektoren
- Bypassmelder
- Brandrauchdetektoren
- Lichtstrahlmelder
- Druckknopfmelder

zum Einsatz.

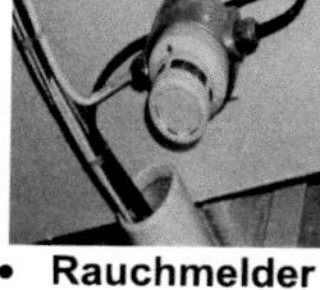

- **Rauchmelder**

6.

Wie ist das Funktionsprinzip der einzelnen Melder?

Der Ionisations-Rauchmelder wertet die Rauchentwicklung als Alarmkriterium aus. Er spricht auf Konzentrationen sichtbaren und unsichtbaren Rauches an und gibt automatisch ein Alarmsignal an die Brandmeldezentrale.

Hinweisschild für Rauchmelder

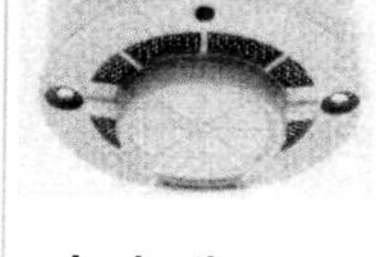

- **Ionisations-rauchmelder**

Die Differential-Maximal-Wärmemelder sprechen auf eine Maximaltemperatur oder eine bestimmte Temperaturerhöhung in einem bestimmten Zeitraum an. Die Auslösung des Alarms erfolgt bei Überschreitung einer voreingestellten Temperatur.

Der optische Rauchmelder reagiert sowohl auf helle als auch auf großvolumige Rauchaerosole.

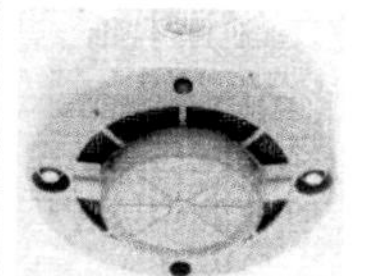

- **Differential Wärmemelder**

- **Symbol für Wärmemelder**

Geräte und Anlagen zur Brandabwehr

In der Messkammer des Melders wird das reflektierte gestreute Licht ausgewertet. Bei kritischem Verlauf der gemessenen Werte erfolgt die Weiterleitung zur Brandmeldezentrale, Funken und Flammenmelder reagieren auf optische Strahlung. Sie werden eingebaut, wenn bei einem Brandausbruch mit einer schnellen Entwicklung von offenen Flammen zu rechnen ist. Die von den Flammen ausgehenden elektromagnetischen Strahlen werden in einem optischen System auf einem Fotoelement erfasst. Ein Frequenzfilter verstärkt die Flackerfrequenz. Entspricht die gemessene Frequenz einer voreingestellten typischen Flackerfrequenz, wird der Alarm ausgelöst.

- **Symbol für Flammenmelder**

- **Flammenmelder**

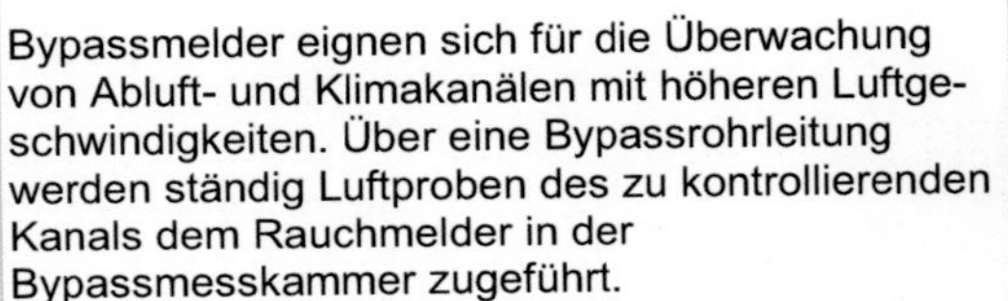

Bypassmelder eignen sich für die Überwachung von Abluft- und Klimakanälen mit höheren Luftgeschwindigkeiten. Über eine Bypassrohrleitung werden ständig Luftproben des zu kontrollierenden Kanals dem Rauchmelder in der Bypassmesskammer zugeführt.

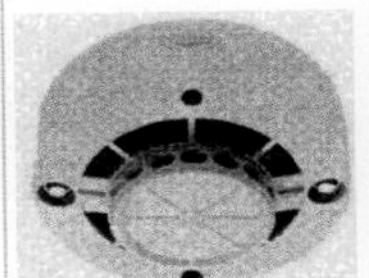

- **Optischer Rauchmelder**

Der Lichtstrahlmelder arbeitet mit einem modulierten Infrarot-Lichtstrahl, der an den entsprechenden Empfänger gesendet wird. Das empfangene Infrarotsignal wird analysiert, ist das Signal durch Rauch gemindert, wird Alarm ausgelöst.

7. Wie erfolgt die Brandmeldung durch Personen?

Die Brandmeldung durch Personen erfolgt in der Regel über technische Mittel zur Nachrichtenübertragung. Hierzu gehören der handbetätigte Feuermelder, das Telefon und das UKW-Handsprechfunkgerät. Die handbetätigten Feuermelder sind im Unterkunftsbereich, in den Wirtschaftsbereichen und Kontrollstationen des Schiffes fest angebracht. Das Einschlagen der Sicherungsscheibe und das Drücken des Alarmknopfes führt zur Auslösung eines optischen und akustischen Alarms in der Zentrale auf der Brücke.

- **Druckknopfmelder**

- **Symbol für Handfeuermelder**

- **Telefon**

UKW-Handsprechfunkgeräte

Geräte und Anlagen zur Brandabwehr

8.

Wie erfolgt die Alarmierung?

Die Alarmierung erfolgt über die Generalalarmanlage und weitere Alarmanlagen. In der Regel wird der Generalalarm von der Brücke ausgelöst und besteht aus einer Folge von sieben kurzen und einem langen Ton, mit der die Besatzung oder die Fahrgäste gewarnt oder auf die Sammelplätze gerufen werden.

Das Signal wird durch Glocke, Horn, Sirene und Typhon gegeben und ist überall an Bord hörbar. In lärmerfüllten Räumen kommen zusätzlich optische Alarmmittel zum Einsatz. Es gibt eine Vielzahl der zum Einsatz kommenden optischen und akustischen Signalgeräte. Die Alarmmittel sind in ausreichender Anzahl vorhanden. Der Alarm erfolgt nach Auslösung ununterbrochen, bis er manuell abgeschaltet wird. Bei Ausfall der Hauptstromquelle erfolgt die Einspeisung durch eine Notstromquelle.

Zusätzlich zum Generalalarm ist eine Sprechfunkdurchsage möglich, die an den Arbeitsplätzen der Besatzung und im Wohnbereich hörbar ist.

- **Symbol fürGlocke**

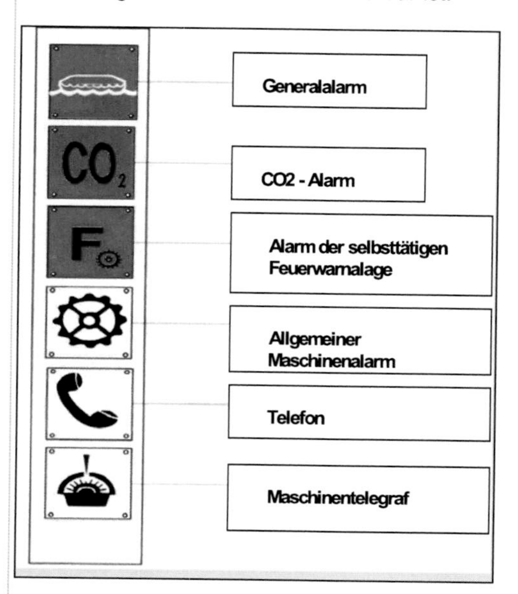

- **Glocke**

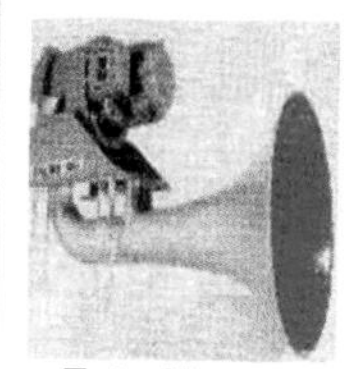

- **Zet - Horn**

- **Zetfon**

- **Alarm Indicator**

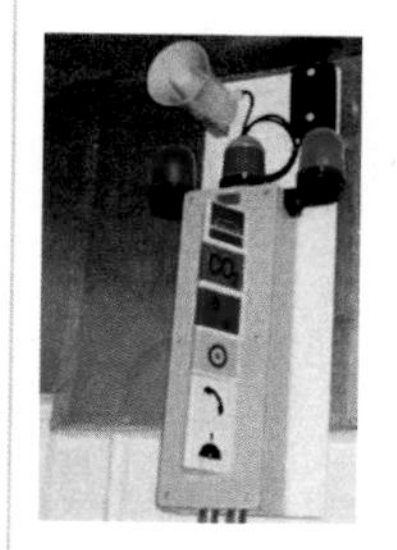

Geräte und Anlagen zur Brandabwehr

9.

Was muss das Besatzungsmitglied bei Feststellung eines Brandes melden?

Das Besatzungsmitglied, dass einen Brand durch Anruf meldet, muss folgende Angaben übermitteln:

- Angaben zur Person des Meldenden,
- Standort des Meldenden,
- Art und Ausmaß des Brandes und
- sonstige Bedingungen.

Der Brand ist dem wachhabenden nautischen Schiffsoffizier auf der Brücke zu melden.

- **Wer meldet?**
- **Wo ist das Feuer ausgebrochen?**
- **Was brennt?**
- **Sind Menschen in Gefahr?**
- **Wie sind die Bedingungen am Brandort?**

Feuerlöschgeräte

10.

Welche Feuerlöschgeräte kommen an Bord zum Einsatz?

Zu den an Bord eingesetzten Brandlöschgeräten gehören tragbare und fahrbare Feuerlöschgeräte. Da die Art der brennbaren Stoffe unterschiedlich sind, kommen unterschiedliche Löschmittel zum Einsatz. Universell verwendbare Löschmittel gibt es nicht. Nach der Art des Löschmittels gibt es

- Wasserlöscher
- Schaumlöscher
- Pulverlöscher
- Kohlendioxydlöscher.

Die Anzahl und der Standort ist aus dem Sicherheits- und Brandschutzplan zu entnehmen.

11.

Welche Vor- und Nachteile haben die tragbaren Feuerlöschgeräte?

Die Vorteile sind:

- eine geringe Masse
- hohe Betriebsbereitschaft und
- leichte Handhabung.

Ein Nachteil ist die kurze Betriebsdauer.

12.

Welches sind die technischen Parameter der zum Einsatz kommenden tragbaren Pulverfeuerlöscher?

• Größe	6 Kg und 12 Kg
• Spritzdauer	15s und 30 s
• Arbeitsabstand	3 - 5m
• Brandklasse	ABC bzw. BC
• Ansprechdruck des Sicherheitsventils	22.5 bar

Geräte und Anlagen zur Brandabwehr

13.

Wie ist ein Feuerlöscher von außen gekennzeichnet?

Jeder Handfeuerlöscher ist mit
- einem Hinweisschild
- einer Prüfplakette und
- einer Betriebsanweisung

versehen.

14.

Welches sind die technischen Parameter des fahrbaren Pulverfeuerlöscher?

• Größe	50kg
• Spritzdauer	50sec
• Arbeitsabstand	6-8m
• Brandklasse	ABC bzw. BC
• Ansprechdruck des Sicherheitsventils	22.5 bar

15.

Warum und wann sind die Feuerlöschgeräte zu überprüfen?

Die tragbaren und fahrbaren Feuerlöscher sind alle zwei Jahre durch Sachkundige auf ihre Einsatzbereitschaft zu überprüfen. Die Bauteile der Feuerlöscher sowie die im Feuerlöscher enthaltenen Löschmittel können durch den Einfluss der
- Temperatur
- Luftfeuchtigkeit
- Verschmutzung
- Erschütterung und
- durch unsachgemäße Behandlung

im Laufe der Zeit unbrauchbar werden. Nach dem Gebrauch sind die Löscher, auch wenn der Inhalt nur teilweise verbraucht ist, wieder aufzufüllen und zu kennzeichnen. Die Überprüfung ist durch einen anerkannten Sachverständigen alle zwei Jahre vorzunehmen.

- **Prüfmarke**

16.

Welches sind die Bauteile des tragbaren Pulverfeuerlöschers?

Die Bauteile des Pulverfeuerlöschers sind:

1. Löschmittelbehälter
2. Tragegriff
3. Schlauch
4. Schlauch
5. Spritzdüse
6. Hülse
7. Sicherungsstift
8. Druckhebel
9. Verschraubung
10. Einsatzteil
11. Treibgasflasche
12. Sicherheitsventil

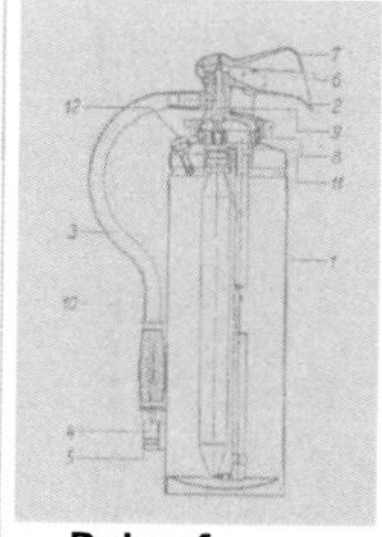

- **Pulverfeuerlöscher**

Geräte und Anlagen zur Brandabwehr

17.

Wie funktioniert der Pulverfeuerlöscher?

Durch das Entfernen der Abzugslasche ist der Pulverlöscher entsichert. Nach dem Einschlagen des Schlagknopfes in der Armatur wird die Treibmittelflasche durch das Durchstoßmesser geöffnet. Der Löschmittelbehälter erhält über das Blasrohr den erforderlichen Betriebsdruck. Das Pulver strömt durch die Schlauchleitung bis zur Löschpistole. Bei Betätigung der Löschpistole tritt das Pulver als Löschstrahl aus und ist dosiert einzusetzen.

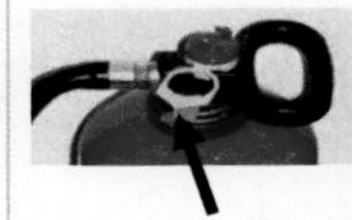

- **Abzugslasche**

18.

Wie ist ein Pulverlöscher nach einem Einsatz druckfrei zu machen?

Das Gerät ist auf den Kopf zu stellen und langsam abzublasen.

19.

Was ist beim Wiederauffüllen eines Pulverlöschers zu beachten?

- **Treibgasflasche**

Das Wiederauffüllen ist wie folgt vorzunehmen:

- Behälter drucklos machen
- Staubmaske anlegen
- Verschraubung langsam öffnen
- Armatur mit Treibgasbehälter entnehmen
- Pulverreste entsorgen
- leeren Treibgasflasche entfernen
- Dichtungen und Steigleitung reinigen
- Sicherungselement anbringen
- neuen Treibgasbehälter einsetzen, handfest verschrauben
- Behälter auf Schäden und Flugrost kontrollieren
- Auflockern des Ersatzpulvers vor dem Öffnen des Beutels
- Staubmaske und Schutzbrille anlegen
- Öffnen des Ersatzlöschpulverbeutels
- Einfüllen des Pulvers mit Hilfe eines Trichters
- Armatur mittig einführen und nicht verkannten
- Ausrichten der Armatur und Festziehen der Überwurfmutter mit dem Hakenschlüssel
- Füllung des Feuerlöschers durch einen Aufkleber mit Datum und Unterschrift bestätigen
- Arbeitsplatz und Hände reinigen
- Pulverfeuerlöscher am vorgesehenen Platz haltern.

- **Pulverfeuerlöscher mit Armatur und Treibmittelflasche**

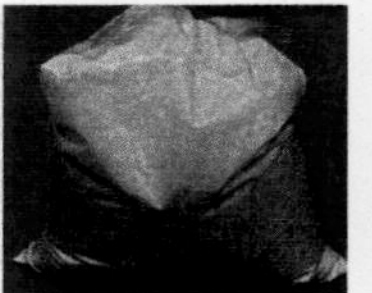

- **Ersatzlöschpulver ABC 6 Kg**

Geräte und Anlagen zur Brandabwehr

20.

Welches sind die Bauteile des fahrbaren Pulverfeuerlöschers?

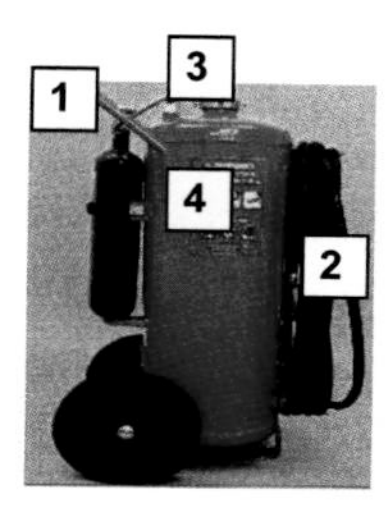

Die Bauteile des fahrbaren Feuerlöschers sind:

1. Fahrgestell
2. Druckschlauch
3. Füllöffnung mit Sicherheitsventil
4. Löschmittelbehälter
5. Wirbelrohr
6. Tragebügel
7. Ventil
8. Löschpistole
9. Treibmittelflasche
10. Verschlusskappe

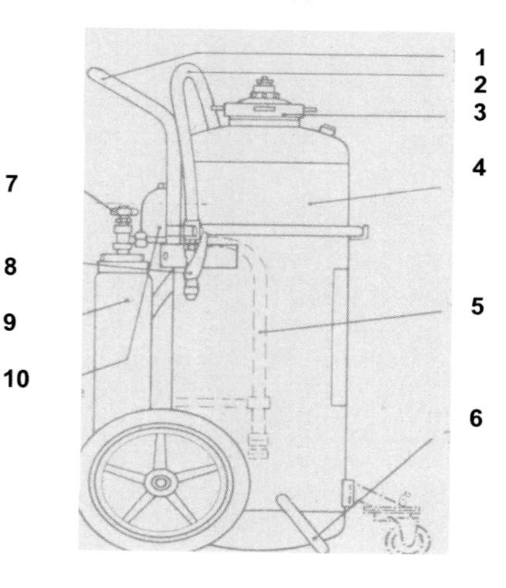

- **fahrbarer Pulverfeuerlöscher**

Sie werden u.a. in

- **Maschinenräumen**

und an der

- **Anschlussstelle der Ladeleitung**

bereitgehalten.

21.

Wie funktioniert der fahrbare Pulverfeuerlöscher?

Durch das Öffnen des Ventils der Treibmittelflasche strömt Stickstoffgas in den Löschmittelbehälter. In kurzer Zeit ist der erforderliche Betriebsdruck ereicht. Nach dem Betätigen der Löschpistole tritt das Pulver /Treibmittelgemisch aus.

22.

Aus welchen Teilen besteht der CO_2-Feuerlöscher?

Der Feuerlöscher besteht aus folgenden Teilen:

1. Sicherheitsstift
2. Auslösehebel
3. Ventilstopfen
4. Ventilbolzen
5. Steigrohr
6. Schneerohr
7. Düse
8. Löschmittelbehälter.

- **CO_2-Feuerlöscher in der Halterung**

Der Feuerlöscher ist mit einem Druckhebel-Ventil ausgestattet. Nach dem Entfernen des Sicherungsstiftes und dem Niederdrücken des Auslösehebels ist das Gerät betriebsbereit. Das verflüssigte Kohlendioxid wird von dem darüber stehenden CO_2 - Gas durch das Steigrohr in das Schneerohr gedrückt. Hier entspannt es sich und wird auf minus 78 °C abgekühlt. Auf den Brandherd trifft ein Schnee-Gasgemisch.

- **Übung mit CO_2 - Feuerlöscher**

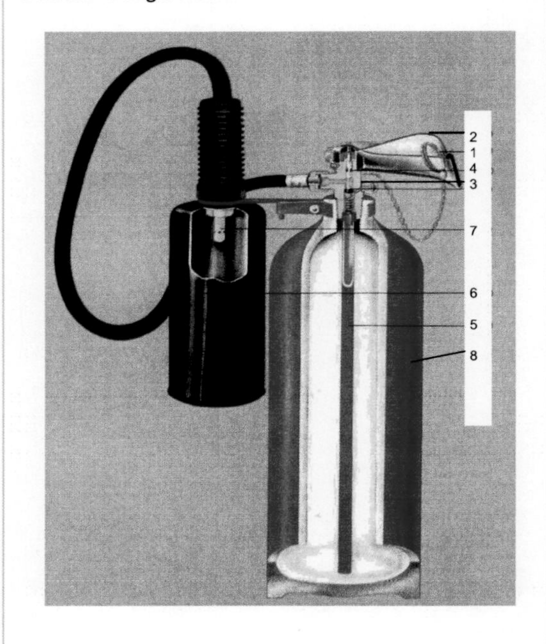

23.

Welches sind die technischen Parameter der zum Einsatz kommenden tragbaren CO_2 - Feuerlöscher?

Technische Parameter des CO_2 Feuerlöschers sind:

Größe	5	kg
Spritzdauer	50	sec
Arbeitsabstand	3	m
Brandklasse		B
Ansprechdruck des Sicherheitsventils	225	bar

Wasserfeuerlöschanlage

24.

Welche stationären Feuerlöschanlagen können an

Auf Schiffen sind Wasserfeuerlöschanlagen, Sprinkleranlagen, handbetätigte Berieselungsanlagen, Hochdrucksprühanlagen, CO_2 – Feuerlöschanlagen, Pulverfeuerlöschanlagen für die

Bord zur Verfügung stehen?	Brandabwehr installiert. Die Entscheidung über die Art der Feuerlöschanlage sowie ihre Anordnung an Bord ist durch Vorschriften geregelt.

Wasserfeuerlöschanlage

25.
Welches sind die Hauptbestandteile der Wasserfeuerlöschanlage?

Die Hauptbestandteile der Wasserfeuerlöschanlage sind:

- die Haupt- und Notfeuerlöschpumpe
- das Rohrleitungssystem
- die Abschnittsventile
- die Feuerlöschventile
- die Feuerlöschschläuche
- die Strahlrohre und
- der Internationale Landanschluss.

- **Feuerlöschpumpe**

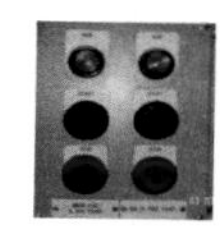

26.
Welche technischen Parameter haben die an Bord verwendeten Feuerlöschschläuche?

Die Feuerlöschschläuche sind aus einem nicht verrottenden Werkstoff hergestellt. Die einzelnen Schlauchlängen an Deck sind 15 bis 20 m, in Maschinen- und Kesselräumen 10 bis 15 m, der Schlauchdurchmesser beträgt 52 mm. Jeder Schlauch ist mit Kupplungen versehen.

- **Schlauchkasten**

27.
Wie erfolgt die Verbindung der Schläuche und Armaturen untereinander?

Die verwendeten Schläuche und Armaturen lassen sich schnell und sicher miteinander verbinden. Dies geschieht durch Kupplungen, bei denen die beiden zusammenschließenden Kupplungsteile gleich und wechselbar sind.

28.
Welche Strahlrohre kommen an Bord zum Einsatz?

Bei den Strahlrohren handelt es sich um Mehrzweckstrahlrohre mit Absperrung und Mannschutzbrause. Der Mündungsdurchmesser der Strahlrohre kann 12, 16 und 19 mm betragen.

- **Mehrzweck-Strahlrohr**

Geräte und Anlagen zur Brandabwehr

29.

Wie entsteht der Strahl?

Das aus dem Feuerlöschschlauch austretende Wasser wird durch das Strahlrohr zu einem löschkräftigen Wasserstrahl geformt. Der Strahl entsteht durch den größeren Durchflussquerschnitt am Strahlrohreingang und dem kleineren Durchflussquerschnitt am Strahlrohrausgang, da das Wasser beim Durchfließen des Strahlrohres beschleunigt wird. Der das Mundstück bzw. die Düse verlassene Strahl ist ein runder, in sich geschlossener Strahl, der bis zum Erreichen der Scheitelhöhe geschlossen bleibt und sich erst dann auflöst. Der Sprühstrahl ist ein Strom von Wassertröpfchen, der durch die Sprühdüse gebildet wird und sich mit zunehmender Entfernung verbreitert.

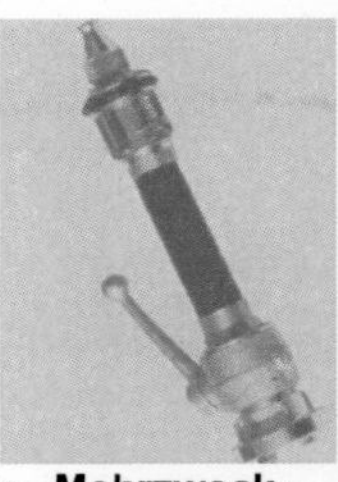

- **Mehrzweckstrahlrohr mit Mannschutzbrause**

- **Brandabwehr durch Rettungsschiff**

30.

Welche Möglichkeiten der Wasserabgabe gibt es mit dem Mehrzweckstrahlrohr?

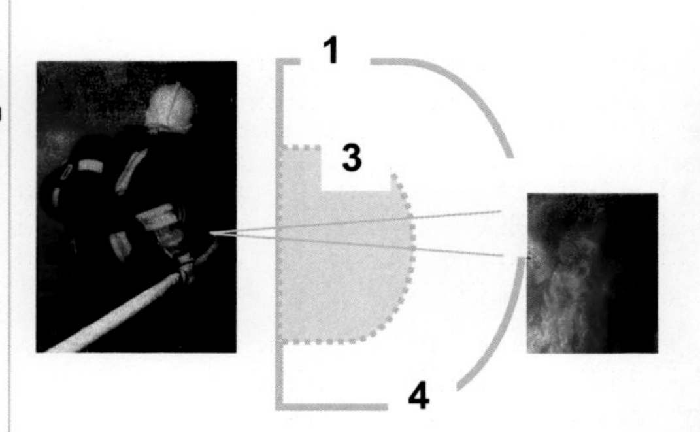

Die Wasserabgabe des Mehrzweckstrahlrohres kann als
1. Sprühstrahl
2. Vollstrahl
3. Mannschutzbrause
4. Sprühstrahl

erfolgen.

- **Vollstrahl mit Mannschutzbrause**

- **Sprühstrahl mit Mannschutzbrause**

Geräte und Anlagen zur Brandabwehr

31.

Welche Aufgaben soll der Internationale Landanschluss erfüllen?

Der Internationale Landanschluss gewährleistet die Löschwasserversorgung in ausländischen Häfen bei unterschiedlich genormten Anschlüssen.. Er sichert die Herstellung einer Schlauchverbindung von Land zum bordeigenen Feuerlöschsystem. Er besteht aus einem Rundflansch mit vier Schlitzlöchern, einer Dichtung, vier Schrauben mit je einer Mutter und zwei Scheiben sowie einer Festkupplung.

- **Internationaler Landanschluss mit Kupplung**

Internationaler Landanschluss ohne Festkupplung

32.

Welche Kupplungsarten gibt es?

Nach dem Verwendungszweck und Aufbau unterscheidet man

- Schlauchkupplungen
- Festkupplungen
- Blindkupplungen
- Übergangsstücke

Schlauchkupplungen sind in den Größen B-,C- und D vorhanden. Die Nennweiten der Kupplungen entsprechen den Nennweiten der Druckschläuche.

- **Blindkupplung**

33.

Welche Aufgaben haben die einzelnen Kupplungsarten zu erfüllen?

Festkupplungen sind an Zugangs- und Abgangsstutzen der Geräte angebracht. Sie bestehen aus einem feststehenden Knaggenteil und einem Dichtring.

Blindkupplungen bestehen aus dem Knaggenteil, einem Deckel, dem Sperrring und dem Dichtring. Sie werden zum wasserdichten Verschließen verwendet.
Übergangsstücke werden verwendet, sobald Kupplungen verschiedener Weiten untereinander verbunden werden sollen.
Die Schlauchkupplung besteht aus einem

- Sperrring
- Knaggenteil
- Einbindstutzen und einem
- Dichtring.

- **Feuerlöschventil mit Blindkupplung**
-

Der Feuerlöschschlauch wird mittels der Kupplung am Mehrzweckstrahlrohr und am Feuerlöschventil befestigt.

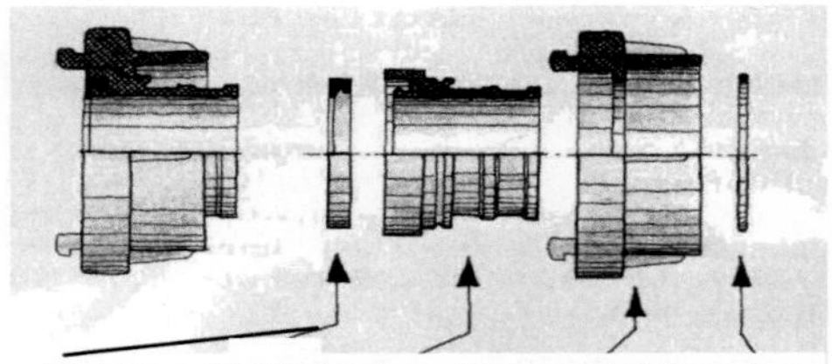

34.

Wie wird die Kupplung vorgenommen?

Durch das Zusammenstecken der Knaggenteile beider Kupplungen und Drehen im Uhrzeigersinn werden die Teile miteinander verbunden. Dies erfolgt mit Zuhilfenahme eines Kupplungsschlüssels, der auf den am Knaggenteil befindlichen Verstärkungsrippen angesetzt wird.

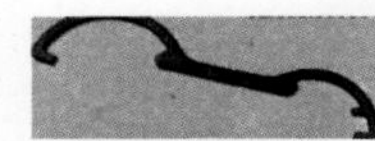

- **Kupplungsschlüssel**

35.

Wie ist der Feuerlöschschlauch aufgebaut?

Feuerlöschschläuche sind aus Kunstfasern hergestellt, an den Enden befinden sich Kupplungen, um Schläuche untereinander bzw. mit Armaturen zu verbinden. Die Farbe der Feuerlöschschläuche ist rot oder weiß.

- **Feuerlöschschlauch 15 m Storz-C**

36.

Welche Anforderungen werden an den Feuerlöschschlauch gestellt?

Der Feuerlöschschlauch muss eine
- gute Wasserdichtheit
- hohe Druckfestigkeit
- glatte Innenwandung
- gute Griffigkeit und
- geringes Gewicht

haben.

- **Feuerlöschschlauch 15 m Storz-C**

Geräte und Anlagen zur Brandabwehr

37.

Wie ist der Feuerlöschschlauch nach Gebrauch zu warten und zu lagern?

Der Feuerlöschschlauch ist nach Gebrauch zu waschen, zu trocknen, doppelt zu rollen, trocken zu lagern, auf Beschädigungen zu prüfen und bei Bedarf instandzusetzen.
Im Schlauchkasten mit Hydranten wird der Schlauch angeschlossen.

- **Feuerlöschschlauch wird doppelt gerollt**

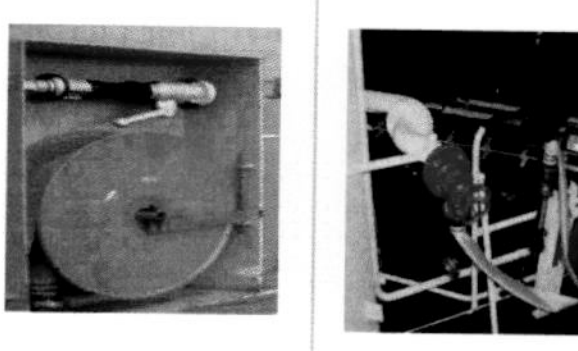

Feuerlöschschlauch angeschlossen

38.

Wo werden wasserführende Armaturen verwendet und wie sind sie zu behandeln?

Wasserführende Armaturen werden bei der Löschwasserversorgung zur Verbindung von Pumpen und Schläuchen verwendet. Sie sind vor Schlag und Fall zu schützen, die Ventile sind langsam zu öffnen und die Absperrvorrichtungen sind bei Nichtgebrauch geschlossen zu halten.

39.

Was ist ein Verteiler?

Eine wasserführende Armatur.

40.

Wie viele Zu- und Abgänge hat der Verteiler?

Ein Verteiler hat einen Zugang und drei absperrbare Abgänge.

41.

Wozu wird der Verteiler benötigt?

Durch den Verteiler wird die durch eine größere Schlauchleitung zugeführte Wassermenge in kleinere Schlauchleitungen verteilt.

42.

Wodurch kann die Beschädigung von Schläuchen vermieden werden?

Schläuche sind nicht:
- zu knicken
- über scharfe Kanten zu ziehen
- in Glut zu legen
- zu verdrehen
- in Berührung mit Säuen, Laugen und andere Chemikalien zu bringen.

Geräte und Anlagen zur Brandabwehr

43.

Was ist bei Frost zu beachten?

Die Wasserzufuhr darf nicht unterbrochen werden, bei Wasser „Halt“ ist das Strahlrohr nicht vollständig zu schließen und nach Gebrauch sind die Feuerlöschschläuche und die Armaturen unverzüglich zu entleeren.

- **Strahlrohr wird nicht vollständig geschlossen**

44.

Wie funktioniert die Wasserfeuerlöschanlage?

Im Falle eines Brandes wird:

- die Feuerlöschpumpe eingeschaltet
- die Feuerlöschpumpe saugt Wasser von außenbords über das Seeventil an
- das Wasser wird in das Rohrleitungssystem bis zu den Hydranten gedrückt
- über die Schläuche und Mehrzweckstrahlrohre wird das Wasser für die Brandabwehr eingesetzt.

Schaumfeuerlöschanlage

45.

Aus welchen Bauteilen besteht die Schaumfeuerlöschanlage?

Wichtige Bauteile der Schaumfeuerlöschanlage sind:

- die Hauptfeuerlöschpumpe
- die Notfeuerlöschpumpe
- das Leitungssystem
- der Schaummitteltank bzw.
- die Behälter mit Schaummittel
- der Zumischer
- die festinstallierten Schaummonitoren

- **Teile der mobilen Schaumfeuerlöschanlage**

- **Handschaumrohre**

- die Handschaumrohre
- die festangebrachten Schaumdüsen.

- **Schaummonitore**

Geräte und Anlagen zur Brandabwehr

46.
Wie ist der technische Aufbau des Zumischers?

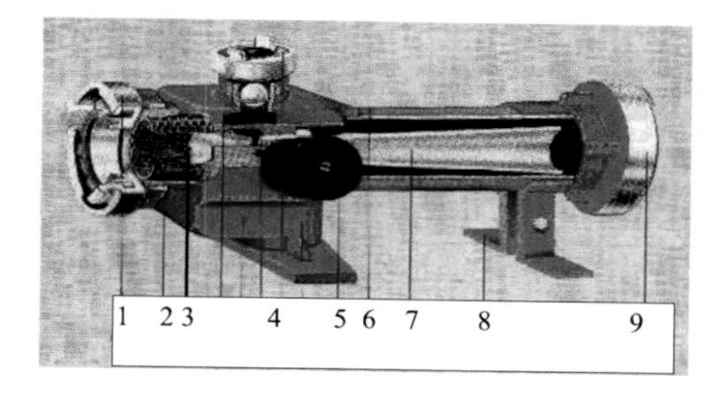

1. Anschlusskupplung
2. Sieb
3. Treibdüse
4. Schaummittelanschlusskupplung
5. Zumischereinstellung
6. Rohr
7. Diffusor
8. Flansch
9. Anschlusskupplung

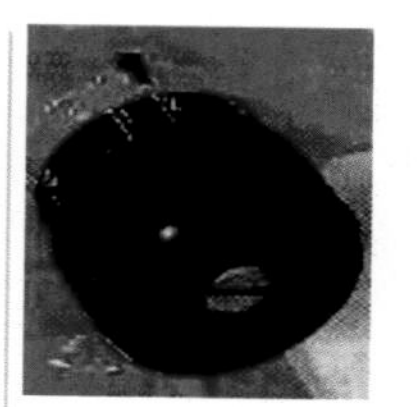

- **Zumischer-einstellung**

- **Schaummittel-Anschluss-kupplung**

- **Anschluss-kupplung und Sieb**

- Brandabwehr mit Schaum

47.
Wie funktioniert der Zumischer?

Der Zumischer arbeitet vollautomatisch und gewährleistet auch bei unterschiedlichen Durchflussmengen ein konstantes Mischungserhältnis. Der Zumischer wird in die Schlauchleitung zwischen Wasserzulauf und Schaumrohr gekuppelt Durch die Injektionswirkung wird im Zumischer ein Unterdruck erzeugt. Dadurch wird das Schaummittel aus einem offenen Kanister / Tank über den Schaummittelanschluss angesaugt. Das konstante Mischungsverältnis wird durch das innere Regelventil gesichert.

- **Schaummittel-kanister**

- Zumischer

eingekuppelter Zumischer

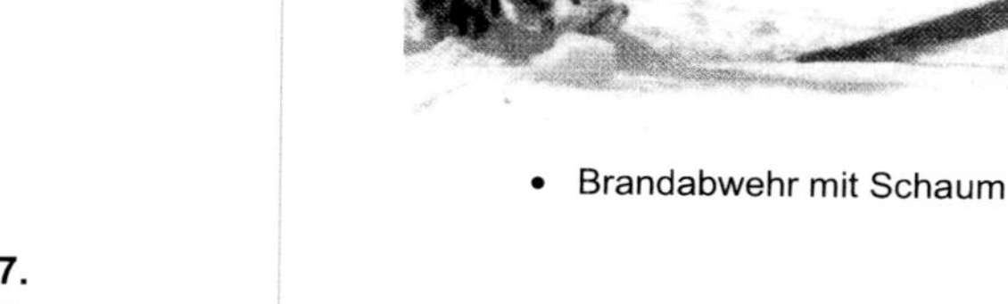

48.

Was ist bei der Bedienung des Zumischers zu beachten?

Die Bedienung des Zumischers ist wie folgt vorzunehmen:

- der Zumischer ist in Wasserdurchflussrichtung in die Schlauchleitung einzukuppeln, der Pfeil am Gehäuse muss zum Schaumstrahlrohr zeigen
- der Saugschlauch ist am Schaummittelanschluss anzukuppeln
- der Saugschlauch ist in den Schaummittelbehälter einzuführen, die Behälteröffnung darf nicht verschlossen werden
- danach ist die gewünschte Zumischerrate am Handrad einzustellen.

- **Schaumstrahlrohr**

- **Saugschlauch für Zumischer**

49.

Wie erfolgt die Schaumbildung?

Das Wasser-Schaummittel-Gemisch wird im Schaumstrahlrohr mit der durch Injektorwirkung angesaugten Luft verschäumt.

50.

Aus welchen Teilen besteht das Mittelschaumrohr?

Das Mittelschaumrohr besteht aus:

1. C-Anschlusskupplung
2. Sieb
3. Verschäumungssieb
4. Manometer
5. Handgriff
6. Schaumrohrmantel
7. Düsenkörper
8. Düsenhalter
9. Drallkörper

- **Schaumstrahlrohr**

Manometer **Kugelabsperrhahn**

Geräte und Anlagen zur Brandabwehr

51.

Aus welchen Teilen besteht das Schwerschaumrohr?

Das Schwerschaumrohr besteht aus dem:
1. Schutzring
2. Schaumrohr
3. Handgriff
4. Düsenkörper
5. Absperrhahn
6. C-Anschlusskupplung
7. Düseneinsatz

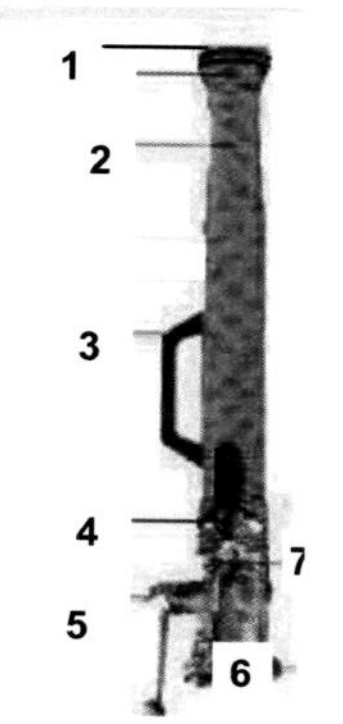

• **Schwerschaumrohr**

52.

Wie funktiert die Schaumfeuerlöschanlage?

Zur Schaumerzeugung wird dem Wasserstrom durch den Zumischer eine prozentual gleichbleibende Menge Schaummittel zugeführt. Das Wasser-Schaummittelgemisch wird in den festinstallierten Schaumwerfern oder den Handschaumrohren oder Schaumdüsen mit Luft verschäumt.

Geräte und Anlagen für die Brandabwehr

Sprinkleranlage

53.

Welches sind die wichtigsten Bauteile einer Sprinkleranlage?

Die wichtigsten Teile einer Sprinkleranlage sind:

1. die Sprinkler
2. der Luftkompressor
3. die optischen und akustischen Alarmgebern
4. eine Verteilerstation mit Alarmventilen
5. eine Sprinklerpumpe
6. der Frischwasserdrucktank
7. die Frischwasserpumpe

- **Symbol für Sprinkler**

- **Schirmsprinkler hängend**

- **Normalsprinkler stehend oder hängend**

- **Flachschirmsprinkler stehend**

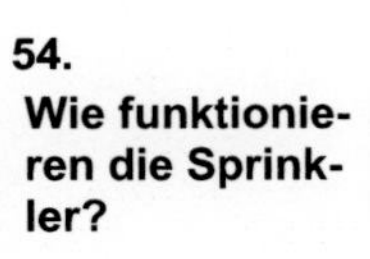

54.

Wie funktionieren die Sprinkler?

Die Spinkler sind nach einem bestimmten Raster in ein Rohrleitungssystem integriert, dass die zu schützenden Bereiche in Deckenhöhe überzieht. Die Sprinkler sind durch eine Glasampulle verschlossen, die mit einer sich bei Brandhitze ausdehnenden Flüssigkeit gefüllt sind. Sobald die unmittelbare Umgebungstemperatur eines Sprinklers durch Brandwirkung über den zu erwartenden Höchstwert steigt, zerspringt die Glasampulle und es strömt das unter Druck stehende Löschwasser aus. Das Löschwasser prallt auf einen Sprühteller und wird von hier flächendeckend auf den Brand verteilt.

- **Trockenwandsprinkler**

Geräte und Anlagen für die Brandabwehr

55.
Welche Sprinklerarten kommen zum Einsatz?

Es gibt Sprinkler für verschiedene Auslösetemperaturen. Die Öffnungstemperatur wird bestimmt von dem in der Ampulle eingeschlossenen Luftvolumen und ist durch unterschiedlich gefärbte Flüssigkeiten gekennzeichnet.

56.
Wie ist die Ansprechempfindlichkeit des Sprinklers geregelt?

Glasampullen mit weniger Flüssigkeit haben einen schnelleren Aufheizwert. Die Zeitspanne bis zur Auslösung wird geringer.

57.
Wie funktioniert die Sprinkler anlage in ihrer Gesamtheit?

Das frei strömende Wasser führt nach dem Zerplatzen des Verschlussglasfässchen zu einem Druckabfall im Zuleitungsrohr. In der Verteilerstation wird infolge des Druckabfalls ein Ventilteller angehoben, jetzt führt Frischwasser vom Druckwassertank über die Hauptleitung zum Sprinkler. Der kegelförmige Wasserstrahl ermöglicht eine erfolgreiche Brandbekämpfung. Sobald der Luftdruck im Druckwassertank weiter abfällt, spricht ein Kontaktmanometer an, es wird die Sprinklerpumpe eingeschaltet, die von außenbords Wasser ansaugt und dieses direkt in das Leitungssystem zu den Sprinklern drückt.

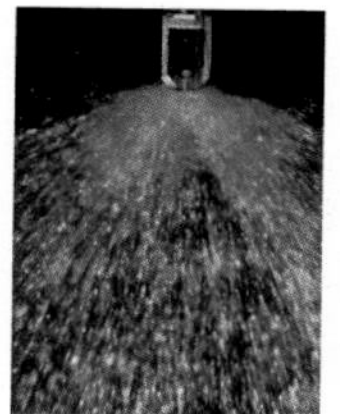

- **Sprinkler aktiv**

58.
Aus welchen Teilen besteht die Berieselungsanlage?

Sie besteht aus nachstehend genannten Teilen:

- der Löschwasserversorgung (Seeventil, Pumpe)
- einem Rohrnetz
- einer Auslösestation
- offenen Löschdüsen.

59.
Wie funktioniert die Berieselungsanlage?

Im Brandfall wird das Schnellöffnungsventil für den zu schützenden Raum geöffnet und der Starter für die Pumpe betätigt. Durch die Pumpe wird über das Seeventil Wasser von außenbords angesaugt und über das Schnellöffnungsventil und Rohrleitungsnetz zu den Löschdüsen des zu schützenden Raumes oder Objektes gedrückt. Das Löschwasser bindet die Verbrennungswärme und kühlt das Brandgut und gefährdete Bereiche.

- **Ventil**

60.
Worauf beruht das Wirkungsprinzip der Hochdruckwassersprühanlagen?

Hochdruck-Wassersprühanlagen sind Feinsprühanlagen, die das Löschwasser bei einem Tropfendurchmesser unter 1 mm fein versprühen. Die gute Löschwirkung der Feinsprühanlagen beruhen auf der hohen Wärmekapazität und der hohen Verdampfungswärme des Wassers. Durch die gewaltige Reaktionsoberfläche der Wassertröpfchen werden dem Feuer schnell große Mengen an Energie entzogen. Das Temperaturniveau wird rapide abgesenkt. Durch das schlagartige Verdampfen der Nebeltröpfchen werden große Mengen der Energie des Feuers absorbiert. Durch die Verdampfung erhöht sich das Volumen des Wassers um das 1600-fache, der Sauerstoff wird auf ein für Menschen ungefährliches Niveau weiter reduziert. Bei Hochdruckwassersprühanlagen, die an Bord zum Einsatz kommen, wird Frischwasser durch spezielle Düsen unter einem Druck von 100 bar zu einem Wassernebel mit einer Tröpfchengröße von weniger als 50 Mikrometer zerstäubt. Die Tröpfchen fallen nicht herab, sondern schweben in der Raumluft. Die Oberfläche des Löschmittels Wasser erhöht sich um ein Vielfaches. Durch die Verdampfung wird dem Feuer sehr viel Wärmeenergie entzogen, der Verbrennungsprozess bricht zusammen. Durch den entstehenden Dampf wird eine Stickwirkung erreicht.

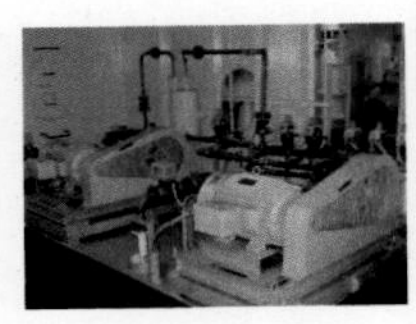

- **Pumpen zur Erzeugung des hohen Druckes**

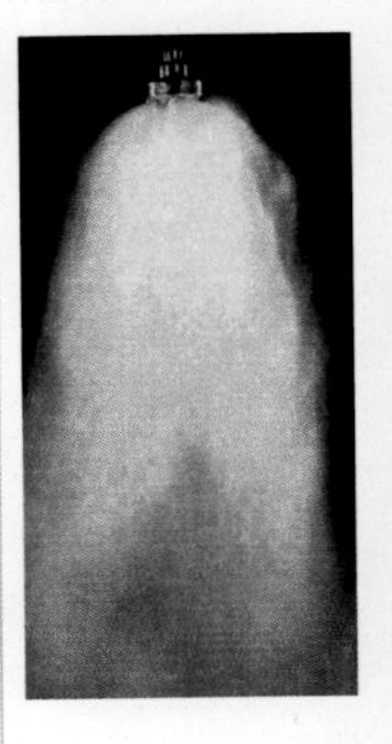

61.
Welches sind die wichtigsten Bauteile einer Hochdruck-Sprühanlage?

Die Hochdruck-Wassersprühanlage finden in verschiedenen Ausführungen Verwendung. Wichtige Bauteile sind:

- die Hochdruckpumpen
- der Frischwasservorratstank
- das Rohrleitungssystem
- spezielle Düsen für die Vernebelung
- die Auslösestation
- notwendige Steuereinheiten

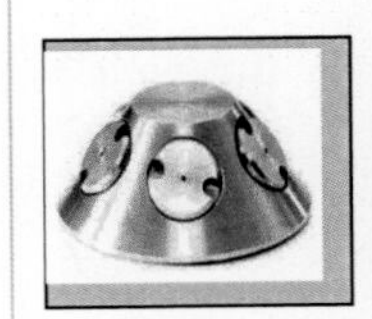

- **Hochdruckdüse**

62.
Welche Vorteile hat die Hochdruck-Wassersprühanlage gegenüber

Die Hochdruck-Wassersprühanlage hat wesentliche Vorteile gegenüber der Berieselungsanlage:

- sie benötigt nur ein Zehntel der Wassermenge
- die Löschzeit ist weitaus geringer
- es gibt keine Stabilitätsgefährdung durch Lösch-

der Berieselungsanlage?

wasser
- die Löschfolgeschäden, die Belastung der Umwelt, das Gewicht der Anlage und der Raumbedarf ist gering.

63.
Welche Hochdruckwassersprühanlagen kommen an Bord zum Einsatz?

In Abhängigkeit des Betriebsdruckes kommen
- Niederdruckanlagen bis 16 bar
- Mitteldruckanlagen über 16 bis 60 bar
- Hochdruckanlagen über 60 bar

zum Einsatz.

CO_2 - Feuerlöschanlage

64.
Welches sind die Funktionsabschnitte der CO_2 – Feuerlöschanlage?

Funktionsabschnitte der Anlage sind:
- der CO_2-Flaschenraum
- die Auslösestation
- das Rohrleitungssystem
- die CO_2 -Düsen
- der Rauchmeldeschrank
- die Absauglüfter.

Das Rohrleitungssystem findet Verwendung für die Rauchmeldeanlage und die CO_2 – Feuerlöschanlage.

- **Auslösestation für den Laderaum**

65.
Was ist bei der Bedienung der CO_2-Feuerlöschanlage bei Feuer im Maschinenraum- oder im Notdieselraum zu beachten?

Bei Feuer im Maschinenraum- oder Notdieselraum ist
- die CO_2 – Auslösestation zu öffnen
- die entsprechende Sicherheitsklappe zu öffnen (beim Öffnen der Sicherheitsklappe ertönt CO_2 – Alarm und die Lüftung stoppt automatisch)
- der zu flutenden Raum zu verlassen
- der Verschlusszustand herzustellen
- die Lüftung und Treibstoffzufuhr abzustellen
- die Steuerflasche zu öffnen
- das Steuerventil für CO_2-Ventil zu öffnen
- das Steuerventil für die CO_2 -Flaschen zu öffnen.

Nach Ablauf der Verzögerungszeit öffnen die entsprechenden CO_2-Flaschen automatisch. Bei Alarm ist der zu flutende Raum sofort zu verlassen. Der Raum darf erst nach gründlicher Durchlüftung und Feststellung der Gasfreiheit wieder betreten werden.

- **CO_2 – Flaschenraum**

- **Auslösestation Maschinenraum**

- **Steuerflasche**

Geräte und Anlagen für die Brandabwehr

66.
Wann wird Alarm ausgelöst?

Sobald die Absauglüfter eingeschaltet sind, wird ständig Luft aus den vorgesehenen Räumen angesaugt. Diese strömt über ein Dreiwegeventil durch Glasröhrchen. Befindet sich Rauch in der Luft, wird dieser getrübt. Ein Lichtstrahl, der durch das Glasröhrchen auf eine Fotozelle gerichtet ist, wird geschwächt. Es erfolgt ein optischer und / oder akustischer Alarm.
Es kommen auch andere Brandmeldeanlagen zum Einsatz.

67.
Was ist bei der Bedienung der CO_2-Feuerlöschanlage bei Feuer im Laderaum zu beachten?

Bei Feuer im Laderaum ist folgendes zu beachten:

- der genaue Brandort ist festzustellen
- alle Personen müssen den zu flutenden Raum verlassen
- alle Luken und sonstige Öffnungen des Raumes sind zu verschließen
- die Lüfter sind abzustellen
- das Rauchmeldeventil für den Laderaum ist zu schließen
- das CO_2 – Ventil ist zu öffnen
- die vorgesehenen CO_2 – Flaschen sind zu öffnen.

- **ausströmendes CO_2**

Pulverfeuerlöschanlage

68.
Wo kommen Pulverfeuerlöschanlagen zum Einsatz?
Woraus resultiert die Löschwirkung?

Es handelt sich um stationär installierte Anlagen. Die eingesetzten Löschpulver kommen bei Bränden fester, flüssiger und gasförmiger Stoffe und bei Metallbränden zum Einsatz. Pulver-Feuerlöschanlagen werden insbesondere auf Gastankern eingebaut. Bei den verwendeten Löschpulvern handelt es sich um hocheffiziente und schnell wirkende Löschmittel. Die Löschwirkung der Pulverwolke resultiert aus dem Stickeffekt und dem antikatalytischen Effekt.

69.
Welches sind die Bestandteile der Pulverfeuerlöschanlage und wie erfolgt die Inbetriebnahme?

Die Anlage besteht aus

- einem oder mehreren Pulverbehältern
- einer Treibgasflaschenbatterie
- einer Auslöse und Bedienstationen
- Pulverschläuchen und Handpistolen
- Monitoren

Die Inbetriebnahme der Anlage erfolgt durch das Öffnen der Steuerflasche in einer Auslöse- und Bedienstation. Über eine Steuerleitung wird die Treibgasflaschenbatterie eines Pulverbehälters geöffnet. Das ausströmende Treibgas wirbelt das Löschpulver im Pulverbehälter auf und drückt es durch das Rohrleitungssystem zur Bedienstation. Die Brandabwehr kann mit Hilfe von Pulverschlauch und Handpistole oder Monitor erfolgen.

- **Pulverfeuerlöschanlage**

- **Monitor**

Impulslöschverfahren

70.
Wie funktioniert das Impulslöschverfahren?

Beim Impulslöschverfahren wird das Löschmittel in Bruchteilen von Sekunden mit sehr hoher Geschwindigkeit direkt in den Brandherd geschossen. Die hohe Schussgeschwindigkeit wird durch einen Luftdruck von 25 bar in der Druckkammer erreicht. Das Löschmittel, normales Wasser, wird mit 6 bar in die Wasserkanone gepresst. Der Schuss wird durch das dazwischen liegende Hochgeschwindigkeitsventil gesteuert. Der Impulsschuss trifft mit über 400 km/h auf das Feuer. Der Luftwiderstand zerkleinert die Wassertropfen und reduziert die normale Tröpfchengröße. Dabei wird die Kühloberfläche eines Liter Wassers um ein Vielfaches vergrößert und die Temperatur in geschlossenen Räumen entscheidend reduziert.

- **Einsatz der Impulspistole**

71.
Welche Vorteile hat das Impulslöschverfahren bei der Brandbekämpfung?

Der Vorteil liegt im effizienten Wassereinsatz. Je kleiner die Wassertropfen, desto größer ist ihre Absorptionsfähigkeit, je höher die Geschwindigkeit der Wassertropfen, desto mehr Wasser erreicht den Brandherd.

Geräte und Anlagen für die Brandabwehr

Ausrüstungsgegenstände

72.

Was beinhaltet die Brandschutzausrüstung nach SOLAS?

Die Brandschutzausrüstung beinhaltet eine vorgeschriebene Mindestanzahl von Ausrüstungsgegenständen, die abhängig von der Größe des Schiffes ist. Zur Ausrüstung gehören:

- Pressluftatmer mit Vollmaske und Reserve-Pressluftflasche
- Feuerfeste Leinen von ausreichender Länge und Festigkeit
- feste Helme
- Hitzeschutzanzüge
- Schutzstiefel (aus Gummi oder anderen nichtleitenden Werkstoffen)
- explosionsgeschützte elektrische Sicherheitslampen
- Feuerwehräxte mit hochspannungsisoliertem Handgriff
- Brecheisen
- Tragbare elektrischen Bohrmaschinen
- Trennscheiben
- Chemieanzüge (bei Transport von Gefahrgütern).

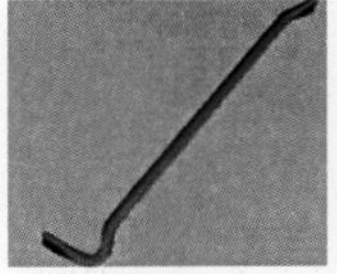

- **Kuhfuss**

- **Schutzhelm**

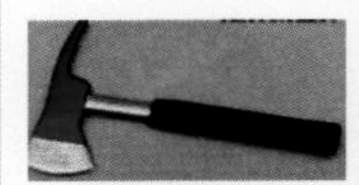

- **Feuerwehrbeil isoliert**

- **feuerfeste Leine**

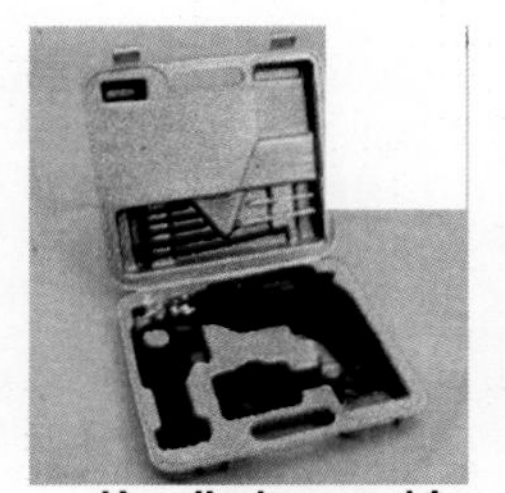

Handbohrmaschine

Rettungsleine Herkules

73.

Aus welchen Material besteht der Hitzeschutzanzug, wie ist er zu warten und welche Aufgaben hat er bei der Brandabwehr zu erfüllen?

Der Hitzeschutzanzug besteht aus einem mehrschichtigen Verbundstoff und einer metallisierten Außenfläche.

Teile des Hitzeschutzanzuges sind:

- Jacke mit Haube und Nackenschutz, aluminisiert
- Visier in Haube, Verbundglas
- Helm in Haube, Kunststoff
- Hose verstellbar, aluminisiert
- Überhandschuhe, aluminisiert

- Stiefel, Gummi
- Tragetasche, aluminisiert.

In der Tragetasche befindet sich einer Gebrauchs-, Wartungs- und Verpackungsanleitung. Nach dem Einsatz ist die Oberfläche zu reinigen und der Reißverschluss zu überprüfen und zu fetten. Der Hitzeschutzanzug schützt den Träger gegen Verbrennungen, Wärmestrahlungen und Verbrühungen durch Wasserdampf. Die Einsatz beträgt höchstens 7 Minuten und darf nicht ohne Atemschutzgerät erfolgen. Die Wirkung des Hitzeschutzanzuges beruht auf der Reflexion der Hitzestrahlung. Der Mindestabstand von der Flammenfront beträgt 1,7 m.

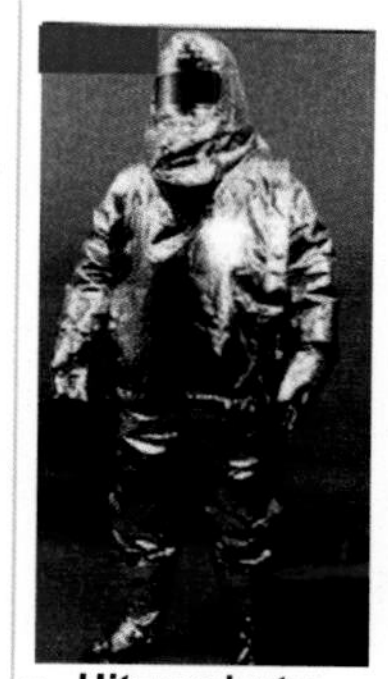

- **Hitzeschutzanzug**

74.
Wie sind die für die Einsatzgruppe eingeteilten Besatzungsmitglieder bekleidet?

Die eingesetzten Besatzungsmitglieder sollen mit
- einem Overal
- einen Schutzhelm
- Arbeitshandschuhen und
- Schutzschuhen

bekleidet sein.

- **Bekleidung der Einsatzgruppe**

Atemschutzgeräte

75.
Wann werden Atemschutzgeräte eingesetzt?

Atemschutzgeräte werden in nicht atembarer Atmosphäre (z.B. bei Sauerstoffmangel, giftigen Gasen oder Dämpfen) eingesetzt. Für die Brandabwehr kommen Pressluftgeräte, für Rettungszwecke Fluchtretter zum Einsatz.

76.
Aus welchen Teilen besteht ein Pressluftatmer - Einflaschengerät?

Der Pressluftatmer besteht aus:
1.der Maske mit dem Ausatemventil
2. dem Ausatemventil
3. dem Lungenautomat mit Einatemventil
4. dem Druckmesser
5. der Pressluftflasche mit Flaschenventil
6. dem Druckschlauch.

7. dem Spannband zur Halterung der Pressluftflasche
8. dem Druckminderer und dem Tragegestell.

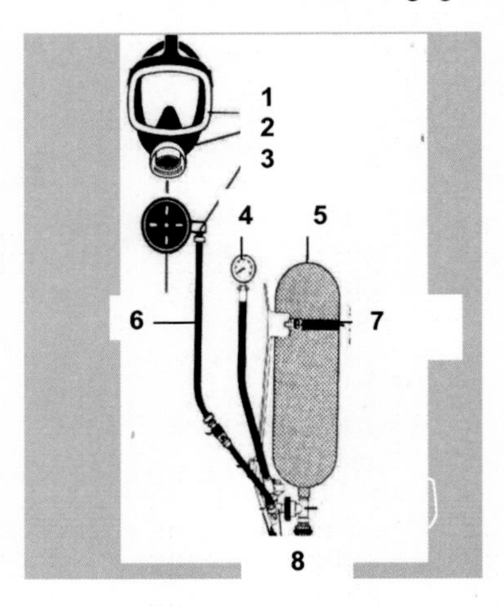

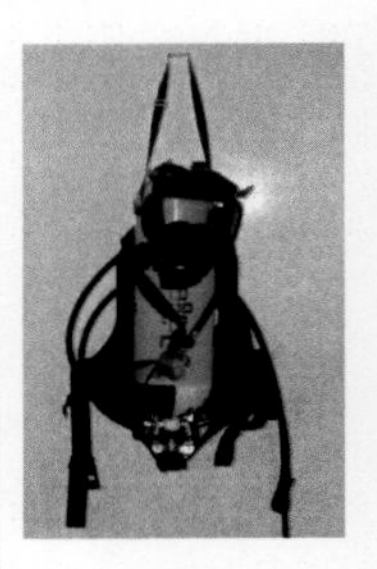

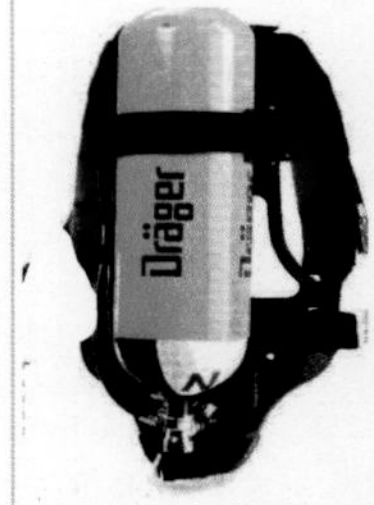

- **Pressluftatmer**

77.
Welche Arten von Pressluftatemgeräten finden an Bord Verwendung?

Es gibt Normaldruck- oder Überdruckgeräte. Beim Normaldruckgerät ist der Luftdruck in der Vollmaske geringfügig niedriger, beim Überdruckgerät ist der Luftdruck in der Vollmaske geringfügig höher als der äußere Luftdruck.

78.
Wozu dient das Tragegestell?

Das Tragegestell dient zur Aufnahme von einer oder zwei Pressluftflaschen. Es ist mit Tragegurten und einem Leibgurt mit Schnellverschlussdrucktaste versehen. Des Weiteren sind Halteschlaufen für die Befestigung des Manometers und der Mitteldruckleitung vorhanden.

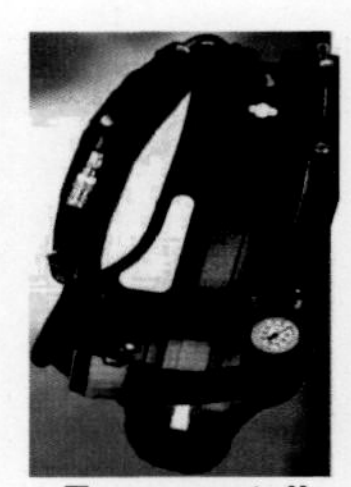

- **Tragegestell**

Geräte und Anlagen für die Brandabwehr

79.
Welche Funktion hat der Druckminderer ?

Durch den Druckminderer wird der Flaschendruck auf einen Mitteldruck von 4 bis 7 bar herabgesetzt. Er ist mit einem Sicherheitsventil versehen, das bei einem Anstieg des Mitteldrucks über 11 bar anspricht. Der Druckminderer ist durch einen Druckschlauch mit dem Lungenautomat und durch eine flexible Leitung mit einem Manometer verbunden. Das Manometer zeigt den Flaschendruck an. Durch eine Warneinrichtung wird das Sinken des Flaschendrucks unter 55 bar akustisch angezeigt.

- **Manometer**

80.
Wie funktioniert der Pressluftatmer(Normaldruckgerät)?

Durch das Einatmen entsteht in der Vollmaske und in der Kammer des angeschlossenen Lungenautomaten ein geringer Unterdruck, der die Mebrane des Lungenautomaten nach innen wölbt; der von der Membrane gesteuerte Kipphebel öffnet das Einatemventil. Die Luft staut sich nach Beendigung des Einatemvorganges. Die Membrane wird durch den Überdruck in die Ausgangslage gedrückt. Die Ventilfeder schließt das Einatemventil. Die ausgeatmete Luft entweicht durch das Ausatemventil, das Einatemventil bleibt während des Ausatmens geschlossen.

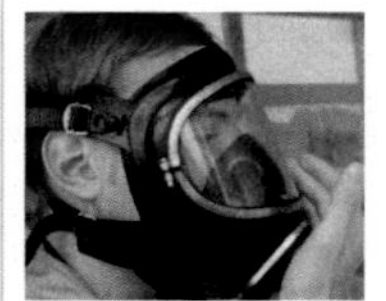

- **angelegte Vollmaske, Dichtigkeitsprüfung**

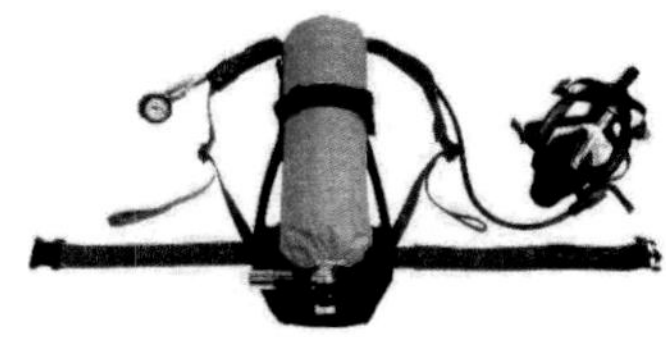

81.
Aus welchen Teilen besteht die Maske?

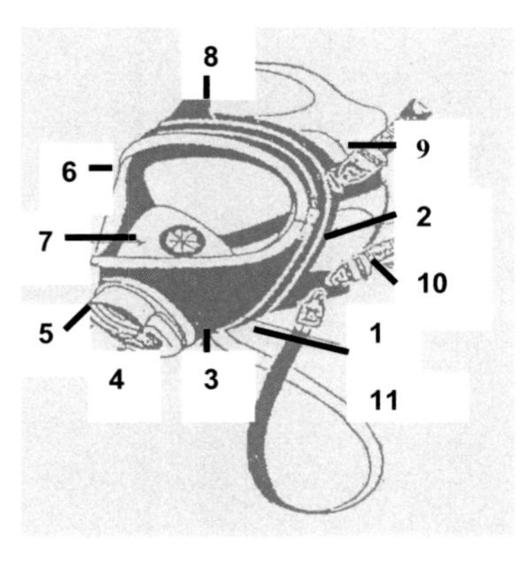

Die Atemschutzmaske besteht aus folgenden Teilen:

1. Maskenkörper
2. Dichtrahmen
3. Kinnstütze
4. Ausatemventil
5. Luftstutzen
6. Augenglas
7. Innenmaske
8. Stirnriemen
9. Schläfenriemen
10. Nackenriemen
11. 11.Tragegurt

Atemschutzmaske

82.
Aus welchen Teilen besteht der Lungenautomat?

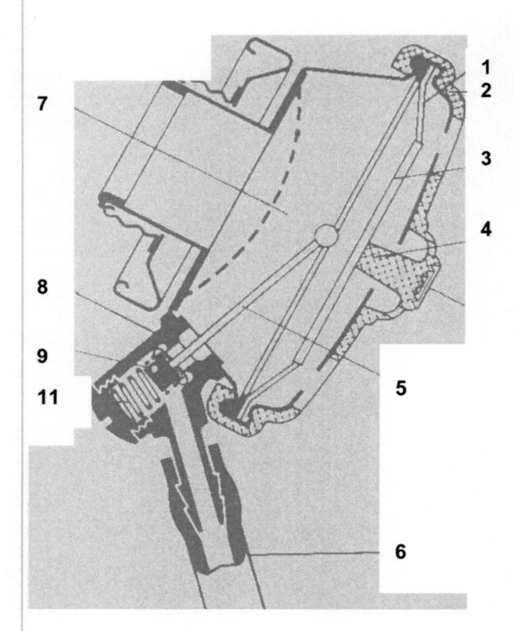

- **Lungenautomat**

1. Verschlussdeckel
2. Schutzkappe
3. Membran
4. Druckknopf
5. Kipphebel
6. Druckschlauchanschluss
7. Maskenanschluss
8. Kammer
9. Ventilsitz
10. Ventilteller
11. Ventilfeder

83. Was gehört zur vollständigen Überprüfung eines Zweiflaschengerätes vor dem Einsatz?	Es sind zu prüfen: • das Gerätes hinsichtlich seiner Einzelteile und Anschlüsse auf Vollzähligkeit und Ordnungsmäßigkeit • der Füllstand der Flaschen • die Hochdruckdichtigkeit der Anschlüsse • die Funktion des Lungenautomaten • die Funktion der Signalpfeife • die Unterdruckdichtigkeit der Anschlüsse.
84. Wie erfolgt die Prüfung des Füllstandes der Flaschen?	Es ist ein Flaschenventil zu öffnen, der Druck am Druckmesser abzulesen und das Ventil zu schließen. Danach ist das zweite Flaschenventil zu öffnen, der Druck abzulesen, das Ventil zu schließen.Der Solldruck in beiden Flaschen hat 200 bar zu betragen.
85. Wie wird die Hochdruckdichtigkeit der Anschlüsse geprüft?	Bei geschlossenen Flaschenventilen darf der angezeigte Druck innerhalb einer Minute nicht fallen.
86. Wie wird die Unterdruckdichtigkeit der Anschlüsse geprüft?	Bei der Druckanzeige von 0 bar am Lungenautomaten saugen. Es darf keine Luft nachfließen.
87. Wie wird die Funktion des Lungenautomaten überprüft?	Es ist am Maskenanschluss des Lungenautomaten zu saugen, dabei muss die Luft hörbar einströmen.
88. Von welchen Faktoren ist die Einsatzdauer eines Pressluftatmers abhängig?	Die Einsatzdauer des Pressluftatemgerätes ist abhängig vom • Luftvorrat der Flasche / Flaschen • dem Bedarf des Geräteträgers • dem Mehrverbrauch durch körperliche Anstrengung • den Bedingungen des Rückzuges Die mögliche Einsatzdauer beträgt 40 Minuten.

• **Geräteträger im Einsatz**

89.
Wie ist der Pressluftatmer anzulegen?

- **Atemschutzgerät wird angelegt**

Hinweis:

- Der Atemschutzgeräteträger muss im Besitz einer gültigen Geräteträgertauglichkeitsuntersuchung nach G 26 sein.

- Personen mit einer akuten Erkrankung dürfen nicht als Atemschutzgeräteträger eingesetzt werden

Das Anlegen des Pressluftgerätes ist wie folgt vorzunehmen:

- das Gerät ist mit weit eingestellten Tragegurten umzuhängen und durch Zug an den freien Enden hochzuziehen
- der Leibgurt ist zu schließen
- das Flaschenventil ist zu öffnen
- das Trageband der Maske ist um den Nacken zu legen
- die Bänderung der Maske ist mit beiden Händen zu spreizen (das Nacken und Schläfenband muss zwischen Daumen und Zeigzeigefinger liegen)
- das Kinn ist in die Kinnpartie der Maske zu legen
- die Maske ist vor das Gesicht zu rücken
- die Bänderung ist über den Kopf zu streifen (bis das Stirnband fest anliegt)
- die Nackenbänder sind gleichmäßig anzuziehen
- der Sitz der Maske ist zu kontrollieren

- **Sitz der Maske wird kontrolliert**

- die aufgesetzte Maske ist auf Dichtigkeit zu prüfen
- der Lungenautomat ist anzuschließen
- die Luftversorgung ist zu kontrollieren.

- **Bänderung wird gespreitzt**

- **Bänderung wird gleichmäßig angezogen**

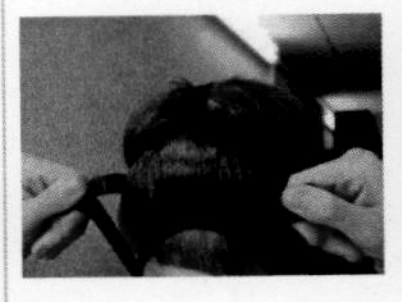

- **Maske ist vor dem Gesicht**

90.
Wie ist der Pressluftatmer zu warten?

Nach dem Einsatz ist:

- die Flasche(Flaschen) zu schließen
- das Geräte druckfrei zu machen
- die Flasche/Flaschen auszubauen (mit „leer" zu kennzeichnen)
- der Lungenautomat abzukuppeln
- die Maske und der Lungenautomat zu
  - reinigen
  - desinfizieren
  - trocknen
- das Gerät auf Beschädigung und Verschmutzung zu untersuchen
- die gefüllte Flasche (Flaschen) einzubauen
- der Lungenautomat anzukuppeln
- das Gerät vorschriftsmäßig zu lagern.

91.
Aus welchen Teilen besteht der Zweiflaschen – Pressluftatmer?

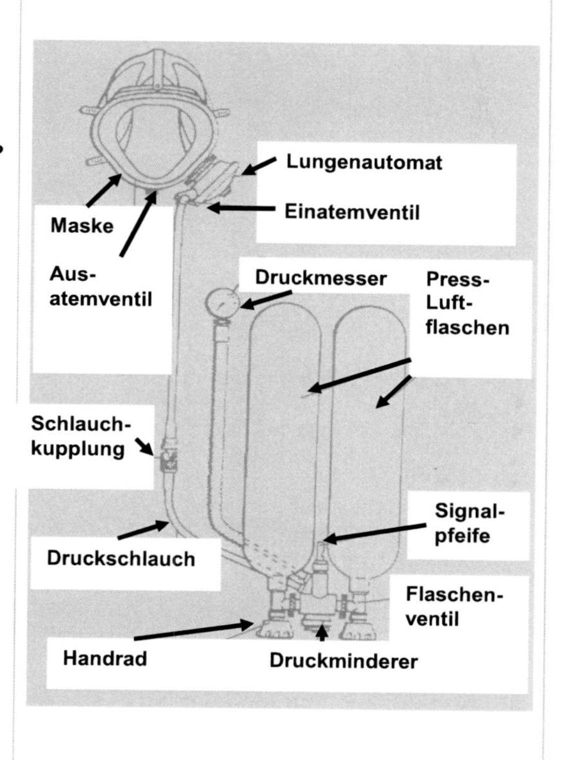

Geräte und Anlagen für die Brandabwehr

92.
Welche Geräte werden für die Gasmessung an Bord eingesetzt?

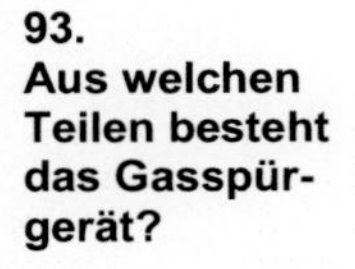

An Bord werden Gasspürgeräte und Gaskonzentrationsmessgeräte für die Gasmessung eingesetzt.
Gasspürgeräte werden für die Messung des Gehaltes an
- Luftsauerstoff
- Schadstoffen
- giftigen Gasen oder Dämpfen

Gaskonzentrationsmessgeräte für die Messung von brennbaren
- Gas - Luftgemischen
- Dampf - Luftgemischen

eingesetzt.

- **Prüfröhrchen**

93.
Aus welchen Teilen besteht das Gasspürgerät?

Teile des Gasspürgerätes sind
- die Gasspürpumpe (Pumpenkopf, Pumpenkörper)
- der Prüfschlauch
- das Prüfröhrchen.

94.
Was ist in Vorbereitung der Messung zu beachten?

Vor der Messung wird die Saugöffnung des Gasspürgerätes mit einem ungeöffneten Prüfröhrchen verschlossen und der Balg bis zum Anschlag zusammengedrückt. Sobald nach einer vorgeschriebenen Zeit der Balg sich nicht entspannt hat, kann von einer ausreichenden Dichtigkeit der Pumpe ausgegangen werden. Danach sind beide geschlossenen Spitzen des Prüfröhrchens an der Abbrechvorrichtung abzubrechen. Das geöffnete Prüfröhrchen ist mit dem Pfeil in Richtung Balgpumpe auf den Pumpenkopf zu setzen. Jetzt ist die Balgpumpe zu betätigen. Die Anzahl der Saughübe ist durch den Hersteller in einer Betriebsanleitung festgelegt.

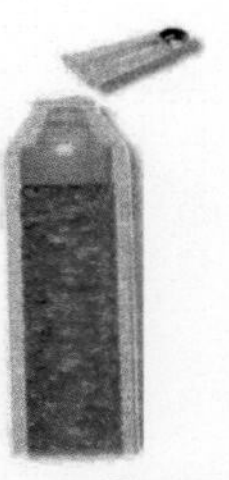

- **geöffnetes Prüfröhrchen**

95.
Wie erfolgt die Messung?

Sobald die Balgpumpe betätigt wird, strömt die zu messende Raumluft durch das Prüfröhrchen. Befinden sich Gas- bzw. Dampfbeimengungen in der Luft, wird im Füllstoff des Prüfröhrchens eine chemische Reaktion ausgelöst, die eine Farbänderung verursacht. Die Konzentration wird durch die Länge der Verfärbung charakterisiert und kann mithilfe einer Skala auf dem Glasröhrchen direkt abgelesen werden. Es kann eine Aussage über die Beimengungen sowie eine Messung der Anteile in Vol.-% oder ppm erfolgen.

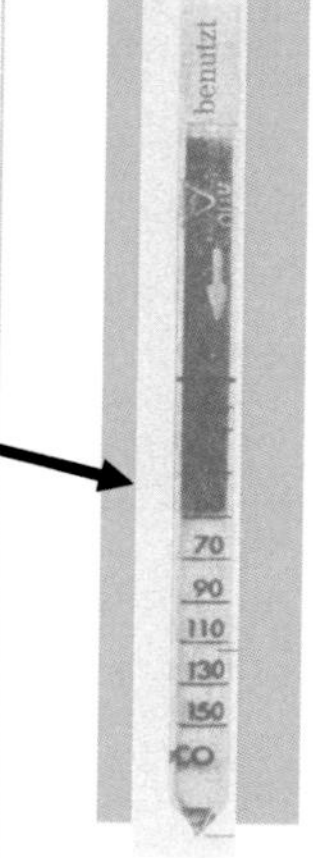

• **Prüfröhrchen**

96.
Wie erfolgt die Messung an unzugänglichen Stellen?

Bei Messungen an unzugänglichen Stellen, z.B. Tanks, Schächten u.a. ist der Verlängerungsschlauch zwischen Prüfröhrchen und Gasspürpumpe einzusetzen.

• **Prüfröhrchen**

Folgende Schritte sind zu beachten:
- der Anschluss des Schlauches ist in die Gasspürpumpe einzustecken, bis die Zunge einrastet
- der Schieber ist nach vorn zu schieben
- die Spitzen des Röhrchens sind abzubrechen
- das Röhrchen ist in die Röhrchenhalterung des Schlauches einzusetzen (Pfeil muss zur Pumpe zeigen)
- das Prüfröhrchen ist an den Messpunkt zu bringen.

Jetzt kann die Messung erfolgen.

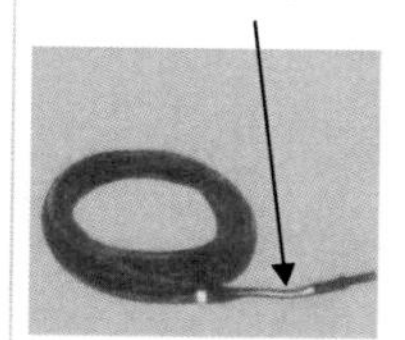

• **Verlängerungsschlauch**

Geräte und Anlagen für die Brandabwehr

97.
Wie erfolgt das Auskuppeln des Schlauches?

Es ist
- der Schieber zurückzuschieben
- die Kupplung nach unten zu biegen; die obere Zunge rastet aus
- die Kupplung weiter nach unten gebogen zu halten und gleichzeitig nach hinten zu ziehen; die untere Zunge rastet aus.

Die Kupplung kann herausgezogen werden.

98.
Welche Gase können mit dem Standardsatz an Prüfröhrchen gemessen werden?

Mit dem Standartsatz können gemessen werden:
- Sauerstoff
- Kohlendioxyd
- Kohlenmonoxyd
- Nitrose Gase
- Polytest (für verschiedene Gase).

99.
Wo werden Explosimeter eingesetzt?

Explosimeter werden zum Messen des Anteils der brennbarer Gase oder Dämpfe in der Raumluft eingesetzt.
Es kann festgestellt werden, ob ein explosionsfähiges
- Gas-Luft-Gemisch
- Dampf-Luft-Gemisch

sich gebildet hat.

- **Explosimeter**

100.
Wie ist die Wirkungsweise des Explosimeters?

Für die Ex-Messung ist ein stoßrobuster katalytischer Ex-Sensor eingesetzt. Er reagiert auf vorhandene brennbare Gase und Dämpfe. Die Prinzipien der Wärmetönung und Wärmeleitung werden hierbei genutzt.

Brandabwehr

Brandabwehr- Grundsätze und Ziel

1.
Was beinhaltet die Brandabwehr an Bord?

Die Brandabwehr an Bord beinhaltet :
- den planmäßigen und gezielten Einsatz technischer Mittel
- durch ausgebildete, erfahrene und überlegt handelnde Besatzungsmitglieder.

2.
Was sind die Grundsätze und das Ziel der Brandabwehr?

Die Grundsätze und das Ziel der Brandabwehr sind:
- ohne Unfälle,
- in kürzester Zeit,
- mit geringsten Löschmittelschäden

alle Brandgefährdungen für
- Menschen
- Schiff und
- Ladung

zu beseitigen.

- **Brandabwehr mit Unterstützung anderer Schiffe**

Organisation der Brandabwehr

3.
Wie ist die Brandabwehr im Ernstfall und bei Übungen organisiert?

Die Übung und der Ernstfall wird durch den Generalalarm angekündigt. Die Organisation der Brandabwehr erfolgt entsprechend den Festlegungen der Sicherheitsrolle.

- **Generalalarm**

· · · · · · · ▬▬▬

Gesamtleitung

4.
Wer hat die Gesamtleitung bei Übungen und im Ernstfall?

Bis zum Eintreffen des Kapitäns auf der Brücke übt der Wachhabende Offizier die Gesamtleitung aus.

- **Wachhabender Offizier**
- **Kapitän**

Gruppen zur Brandabwehr

5.
Welche Gruppen werden für die Brandabwehr gebildet?

In Abhängigkeit der Schiffsgröße, der Besatzungsstärke und des Ausbildungsstandes werden die
- Schiffsführungsgruppe
- Einsatzgruppe
- Unterstützungsgruppe
- Evakuierungsgruppe und
- Spezialgruppen

gebildet.

- **Schiffsführungsgruppe**
- **Einsatzgruppe**
- **Unterstützungsgruppe**
- **Evakuierungsgruppe**

Zusammensetzung und Aufgabe der Schiffsführungsgruppe

6.
Wie ist die Schiffsführungs-

Die Schiffsführungsgruppe unterstützt den Kapitän bei der Organisation und Durchführung der Brandabwehr.

- **Kapitän**
- **1.Offizier**

gruppe zusammen gesetzt?

Die Gruppe besteht aus den Leitern des technischen und nautischen Bereichs und Hilfspersonen.

- **Leiter der Maschinenanlage**

Kapitän, Einsatzleiter, Gruppenführer

7.
Was macht der Kapitän nach dem Ertönen des Generalalarms ?

Der Kapitän:

- eilt zur Brücke und erhält Informationen über das Geschehen vom Wachoffizier
- trifft Erstmaßnahmen mit dem Einsatzleiter
- trifft navigatorische Maßnahmen
- informiert sich anhand von Notfallplänen über weitere Maßnahmen.

- **Wachhabender Offizier**

8.
Was macht der Einsatzleiter nach dem Ertönen des Generalalarms?

Der Einsatzleiter:

- holt Informationen über das Geschehen ein
- trifft die Erstmaßnahmen mit dem Kapitän
- informiert die Gruppenführer
- führt die Verständigungsprobe mit den Handsprechfunkgeräten durch
- erteilt die Einsatzbefehle an die Gruppenführer
- händigt die Musterlisten und Verschlusslisten an die Gruppenführer aus.

9.
Was macht der Einsatzgruppenführer nach dem Ertönen des Generalalarms?

Der Einsatzgruppenführer:

- legt die persönliche Schutzausrüstung an
- nimmt die Rettungsweste
- holt sich vom Einsatzleiter Erstinformationen ein
- führt eine Verständigungsprobe mit dem Hansprechfunkgerät durch
- nimmt die Musterliste
- wiederholt den Einsatzauftrag
- begibt sich zum Sammelplatz.

ASSEMBLY STATION

- **Sammelplatz Sicherheitskennzeichnung (nach SOLAS und IMO)**

10.
Welche Aufgaben hat der Einsatzgruppenführer auf dem Sammelplatz?

Die Aufgabe des Einsatzgruppenführers ist die:

Kontrolle

- der persönlichen Schutzausrüstung aller Angetretenen
- der mitgebrachten, angelegten Rettungswesten auf Vollzähligkeit

Meldung an den Einsatzleiter.

- **Kontrolle auf Vollzähligkeit**

Brandabwehr

11.
Welche Aufgabe hat der Unterstützungsgruppenführer nach dem Ertönen des Generalalarms ?

Der Unterstützungsgruppenführer
- legt die persönliche Schutzausrüstung an
- nimmt die Rettungsweste
- holt sich vom Einsatzleiter Erstinformationen ein
- führt eine Verständigungsprobe mit dem Hansprechfunkgerät durch
- nimmt die Verschlussliste
- wiederholt den Einsatzauftrag
- begibt sich zum Sammelplatz.

- **Durchführung der Verständigungsprobe**

12.
Welche Informationen muss ein Befehl des Einsatzleiters an die Gruppenführer enthalten?

Der Befehl muss folgende Information enthalten:
- was
- wo
- wie

auszuführen ist.

13.
Welche Information muss die Meldung von Gruppenführer an den Einsatzleiter enthalten?

Die Meldung muss folgende Information enthalten:
- was
- wo
- wie

ausgeführt oder wahrgenommen wurde sowie Lösungsvorschläge zur Brandabwehr.

14.
Wie reagieren die Gruppenführer nach Erhalt eines Befehls vom Einsatzleiter?

Sie wiederholen den Befehl und führen ihn aus.

15.
Nach welchen Gesichtspunkten erfolgt die Bildung von Gruppen aus der Besatzung, die Maßnahmen zur Brandabwehr, Rettung und Evakuierung durchführen?

Die Bildung von Gruppen erfolgt In Abhängigkeit der
- Anzahl und
- Zusammensetzung

der Besatzung.
Jedes Besatzungsmitglied wird einer Gruppe zugeordnet.
Es wird sicher gestellt, dass im Ernstfall, bei Ausfall eines Besatzungsmitgliedes, die Maßnahmen zur Brandabwehr, Rettung und Evakuierung erfolgreich durchgeführt werden können.

- **Atemgeräteträgertrupp, Teil der Einsatzgruppe**

16.
Welche Aufgaben hat die Einsatzgruppe zu erfüllen und wie setzt sie sich zusammen?

- **Geräteträger vor dem Einsatz**

- **Einsatzgruppe während der Übung**

Die Einsatzgruppe:
- löscht wirksam den Brand und verhindert dessen Ausbreitung

- Einsatzgruppe während der Übung

- sie rettet gefährdete Menschen.

Beim Verlassen des Schiffes übernimmt sie
- das Klarmachen und das Aussetzen
- sowie die Führung der Rettungsboote und Überlebensfahrzeuge und des Bereitschaftsbootes.

Die Gruppe setzt sich zusammen aus dem Gruppenführer und qualifizierten, körperlich gesunden und belastbaren Besatzungsmitgliedern für den
- Wassertrupp und
- Gerätetrupp.

Der Einsatzgruppenführer meldet dem Einsatzleiter Vollzug.

- **Brand im Containerbereich**

- **Einsatzleiter meldet dem Kapitän Vollzug**

- **Wassertrupp beim Auslegen der Schläuche**

17.
Welche Aufgabe hat die Unterstützungsgruppe zu erfüllen und wie setzt sie sich zusammen?

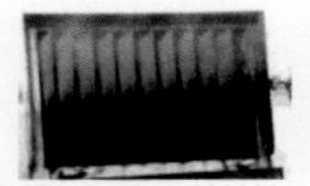

- **Rauch entweicht**

Die Unterstützungsgruppe unterstützt die Einsatzgruppe. Aufgaben sind u.a.
- Herstellung des Verschlusszustandes auf der Basis einer Checkliste
- Bereitstellung und Transport von Zusatzausrüstungen
- Sichererung und Klarmachen der Rettungsmittel
- Einsatz als Kühltrupp.

Die Gruppe setzt sich zusammen aus dem Gruppenführer und qualifizierten, körperlich gesunden und belastbaren Besatzungsmitgliedern. Der Gruppenführer meldet dem Einsatzleiter Vollzug.

- **Verschlusszustand wird hergestellt**

Brandabwehr

18.
Welche Aufgaben hat die Evakuierungsgruppe?

Die Evakuierungsgruppe wird auf Fahrgastschiffen. gebildet .Das Bedienungspersonal ist für die Betreuung der Fahrgäste zuständig.

- **Betreuung der Fahrgäste**

Sicherheitsrolle und Brandschutzplan

19.
Welche allgemeinen Anweisungen enthält die Sicherheitsrolle?

Die Sicherheitsrolle enthält folgende allgemeine Anweisungen:

- Übungen werden vorher angekündigt und mit dem Generalalarm ausgelöst
- Ohne Befehl des Kapitäns oder seines Stellvertreters darf kein Rettungsmittel zu Wasser gelassen werden
- Jeder Brand, Wassereinbruch und jede andere Gefahr ist unverzüglich zur Brücke bzw. an den Wachhabenden zu melden
- Ertönt CO_2 -Alarm im Maschinenraum, so hat das Personal diesen unverzüglich zu verlassen und die Sammelplätze aufzusuchen
- Aufzüge dürfen im Alarmfall nicht benutzt werden
- Das Verlassen des Schiffes wird durch den Kapitän bzw. seinem Stellvertreter durch die Auslösung des Signals

  · —— · —— · ——
  gegeben.

- **In der Sicherheitsrolle ist die Besatzung in Gruppen eingeteilt, die in Notfällen nach Anweisung eingesetzt werden.**

Allgemeine Anweisungen :

- **Ankündigung von Übungen**
- **kein Rettungsmittel zu Wasser lassen ohne Befehl des Kapitäns**
- **Brand, Wassereinbruch und Gefahren unverzüglich melden**
- **Maschinenraum bei CO_2 Alarm unverzüglich verlassen**

20.
Wo befindet sich der Brandschutz- und Sicherheitsplan?

Der Brandschutz- und Sicherheitsplan ist an den allgemein zugänglichen Stellen, über das ganze Schiff verteilt deutlich sichtbar ausgehängt, mindestens jedoch

- auf der Kommandobrücke
- im Maschinenraum und
- in den Unterkunftsräumen der Besatzung.

- **Brandschutzplanbehälter- Röhre - für die Aufbewahrung des Planes, angebracht außerhalb der Aufbauten oder Deckshäuser zur Unterstützung der Landfeuerwehr.**

- **Sicherheitskennzeichnung (nach SOLAS und IMO)**

21.
Wie werden Verschluss-checklisten aufgestellt?

Jeder Hauptbrandabschnitt eine Schiffes ist ein Verschlussabschnitt.
Es werden mindestens drei Verschlussabschnitte festgelegt:

- der Maschinenraumbereich
- der Unterkunftsbereich
- der Ladungsbereich.

- **Lüfteröffnung**

Für jeden Verschlussabschnitt werden alle zur Herstellung des Verschlusszustandes zu betätigende Einrichtungen in Verschluss-Checklisten aufgenommen.
Diese enthalten:
die genaue Bezeichnung und den Ort jeder Einrichtung,
wie z.B.

- **Lüfterklappen**

- Brandklappen
- Türen
- Schotten
- Luken
- Einstiege

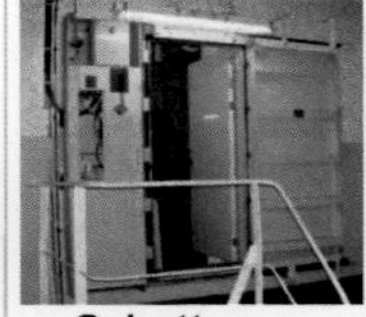

- **Schotten-schließanlage**

- Fenster
- Bullaugen
- Oberlichter,
- Montageöffnungen
- Lüfter
- Schächte sowie
- Verschlusseinrichtungen in gasführenden Leitungen für Schweiß- oder Haushaltszwecke.

Die Verschluss-Checklisten werden so aufgestellt, dass die mit der Herstellung des Verschlusszustandes beauftragten Besatzungsmitglieder, die zu betätigenden Einrichtungen in sinnvoller Reihenfolge aufsuchen und handhaben können.

Brandabwehr

Durchführung der Brandabwehr

22.
Wer erteilt den Auftrag zur Brandabwehr?

Den Auftrag erteilt der Einsatzleiter an die Gruppenführer. Der unmittelbare Einsatz der Gruppe erfolgt auf Anordnung des Einsatzgruppenführers.

- **Einsatzleiter**

23.
Welche Aufgaben muss der Einsatzgruppenführer erfüllen?

Der Gruppenführer der Einsatzgruppe muss:
- die Lage erkunden
- die Lage beurteilen
- einen Entschluss fassen
- die erforderlichen Befehle erteilen
- die Lage und den Entschluss dem Einsatzleiter melden.

- **erkunden**
- **beurteilen**
- **Entschluss fassen**
- **erforderliche Befehle erteilen**
- **Einsatzleiter Vollzug melden**

24.
Welche Einsatzgrundsätze sind bei der Brandabwehr einzuhalten?

Grundsätze für die Reihenfolge der Massnahmen sind:
- Menschenrettung geht vor Brandbekämpfung
- die größte Gefahr ist zuerst zu beseitigen
- der Brandherd ist abzuriegeln
- der Brandherd ist zu umfassen.

- Rettung eines Verletzten

25.
Welche Geräte gehören zur Pflichtausrüstung der Einsatzgruppe?

Die Durchführung der Brandabwehr erfordert folgende technisches Geräte als Mindestausrüstung:
- Ukw – Handsprechfunkgerät
- Sicherheitslampe
- Strahlrohr mit Mannschutzbrause
- C – Schläuche
- Kupplungsschlüssel
- Atemschutzgerät
- Hitzeschutzanzug
- Axt.

- **Anlegen des Hitzeschutzanzuges**

26.
Aus wie viel Mitgliedern muss die Einsatzgruppe mindestens bestehen, damit die Rettung von Menschen und die Eingrenzung des Brandes gleichzeitig erfolgen kann?

Die Einsatzgruppe sollte mindestens aus dem Gruppenführer und vier Gruppenmitgliedern bestehen:
- Einsatzgruppenführer

Wassertrupp
- Stellvertretenden Einsatzgruppenführer und
- Truppmitglied

Atemschutzgerätetrupp
- Truppführer Atemschutzgeräteträger und
- Truppmitglied Atemschutzgeräteträger

- **Atemschutzgerätetrupp**

Brandabwehr

27.
Es wird ein Brand in der Schalttafel lokalisiert. Welche Maßnahmen sind durchzuführen?

Es ist die Schalttafel oder Teile der Schalttafel elektrisch abzuschalten. Die Brandbekämpfung mit Feuerlöschern ist erst dann vorzunehmen, wenn nach der elektrischen Abschaltung keine Selbstlöschung erfolgt.

- **Stromzufuhr abschalten**
- **Brand bekämpfen**

28.
Es wird ein Brand im Bereich des Heizungskessel lokalisiert. Welche Maßnahmen sind durchzuführen?

Es ist die Brennstoffzufuhr abzusperren. Unter Einsatz von Atemschutz / Hitzeschutzanzug und unter Verwendung von Feuerlöschern/ Luftschaum/ Löschwasser ist das Feuer zu bekämpfen.

- **Brennstoffzufuhr absperren**
- **Feuer bekämpfen**

29.
Ein Brand in der Farblast soll mit CO_2 gelöscht werden. Welche Voraussetzungen müssen geschaffen werden?

Vor der Flutung mit CO_2 ist der Raum
- auf Personen zu kontrollieren
- der Verschlusszustand herzustellen
- die Raumbelüftung abzuschalten.

Danach erst kann der Befehl zur Beflutung gegeben werden.

30.
Welche Maßnahmen hat der Einsatzleiter u.a. zu treffen, nachdem der Brand im Maschinenraum mit CO_2 gelöscht wurde?

Durch den Einsatzleiter sind u.a. nachstehende Maßnahmen zu veranlassen:
- Messung der Temperaturentwicklung im Maschinenraum
- Gewährleistung der Einsatzbereitschaft der Atemschutzgeräte
- Aufrechterhaltung der Löschmittelkette
- Durchführung der Brandstellenbesichtigung unter Atemschutz und mit Handfeuerlöscher
- Löschung noch vorhandenen Feuers
- Belüftung des Maschinenraums
- Prüfung der Maschinenraumatmosphäre auf Sauerstoff- und Schadstoffgehalt
- Schadensbeseitigung.

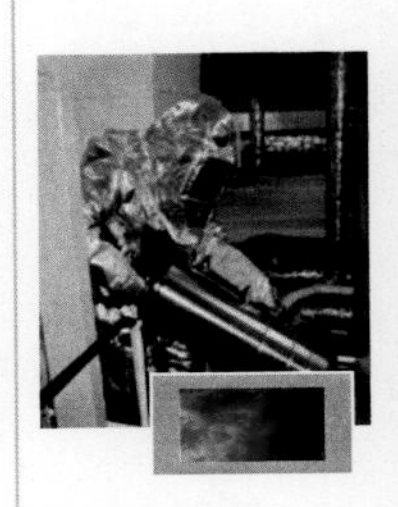

- **Löschung noch vorhandenen Feuers**

- **Folgen eines Maschinenraumbrandes**
-

Brandabwehr

31.
Wie ist ein Kleinbrand im Maschinenraum abzuwehren (es befinden sich zwei Personen im Maschinenraum)?

Eine Person meldet den Brand dem Wachhabenden Offizier der Brücke, die andere Person bekämpft den Brand mit Feuerlöschern.

32.
Welche Aufgaben erfüllt die Einsatzgruppe, wenn sich Verletzte im Gefahrenbereich befinden?

In diesem Fall ist die Einsatzgruppe als Rettungsgruppe einzusetzen.

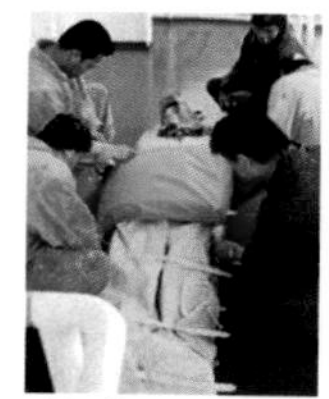

- **Rettung und 1.Hilfe**

33.
Welche Vorsichtsmaßnahmen sind bei der Brandabwehr durch die Einsatzgruppe zu berücksichtigen?

Es sind folgende Vorsichtsmaßnahmen zu berücksichtigen:

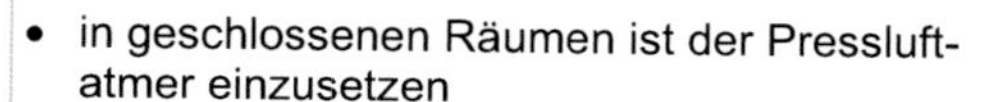

- in geschlossenen Räumen ist der Pressluftatmer einzusetzen
- bei Anzeichen von Unwohlsein und Schwindelgefühl ist unverzüglicher der Rückzug anzu - treten
- die Einsatzbereitschaft des Strahlrohres ist vor dem Einsatz zu prüfen
- es sind immer Handschuhe zu tragen
- der Strahlrohrführer darf beim Nachziehen des Schlauches nicht belastet werden
- Türen, Luken, Klappen, Schotte sind nur in gebückter Haltung und im Schutz der Verschlusseinrichtung zu öffnen
- vor dem Öffnen ist der Sprühstrahl auf die Verschlusseinrichtung zu halten
- nach dem Öffnen ist der Sprühstrahl in den oberen Teil des brennenden Raumes zu halten
- das Strahlrohr ist gut festzuhalten
- es ist nicht in die unmittelbare helle Glut zu schauen
- es ist der Rückzug freizuhalten.

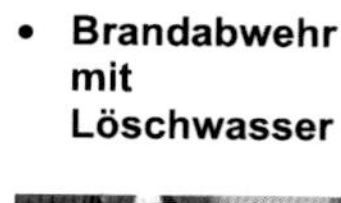

- **Brandabwehr mit Löschwasser**

- **Brandabwehr mit Feuerlöscher**

- **Brandabwehr**

- **kühlen der Außenwand**

Brandabwehr

34.
Welchen Einfluss hat die Hitzewirkung auf die Stahlstrukturen des Schiffes?

Es kommt zu Festigkeitsverlusten in der Stahlstruktur. Des Weiteren wird Wärme übertragen, die zum Brand in anderen Bereichen führen kann.

- **Beschädigung der Stahlstrukturen des Schiffes**

35.
Welche Gefahren können beim Einsatz von Wasser als Löschmittel zusätzlich auftreten?

Folgende Gefahren können u.a.beim Einsatz von Löschwasser auftreten:
- die Stabilität des Schiffes verschlechtert sich durch die Erhöhung des Masseschwerpunktes und durch das Entstehen von freien Oberflächen
- es kann zu chemischen Reaktionen zwischen Ladegut und dem Löschwasser kommen
- es können Schäden an Maschinen und elektrischen Anlagen eintreten, die zur Funktionsuntüchtigkeit führen
- die Ladung (z.B.Getreide) kann durch die Berührung mit Löschwasser aufquellen.

- **Schiff mit Schlagseite**

36.
Mit welchen Gefahren muss man beim Öffnen eines verschlossenen Raumes rechnen?

Es können folgende Gefahren auftreten:
- Herausschlagen von Flammen
- weitere Entfachung des Brandes.

Des Weiteren kann es zur
- Verpuffung
- explosionsartigen Verbrennung und
- Detonation

kommen.

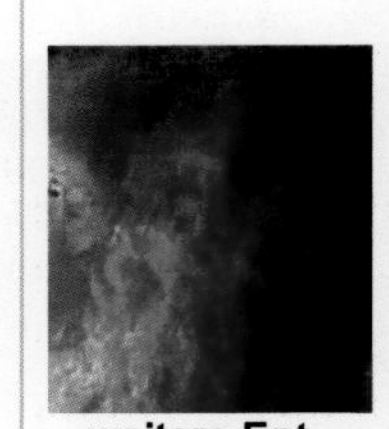

- **weitere Entfachung des Brandes**

37.
Wie kann das Übergreifen des Brandes auf benachbarte Räume verhindert werden?

Das Übergreifen des Brandes auf benachbarte Räume kann durch:
- das Freiräumen der angrenzenden Schotte
- das Kühlen der Schotte und
- die Temperaturüberwachung der angrenzenden Räume

verhindert werden.

- **Brandabwehr durch kühlen der Bordwand**

Brandabwehr

38.
Warum ist im Falle eines Brandes der Verschlusszustand herzustellen?

Im Brandfall soll
- der Zutritt von Luft und
- die Ausbreitung von Hitze und Rauchgase im Brandabschnitt verhindert werden.

Lüfterklappe geöffnet

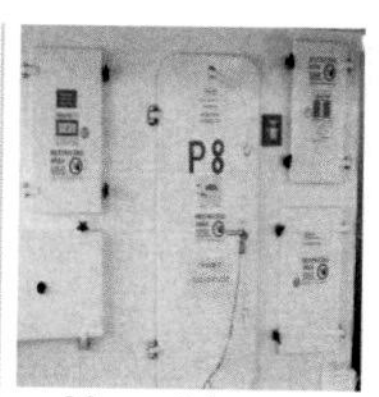

- **Verschlusszustand**

39.
Wann ist der Verschlusszustand hergestellt?

Sobald
- alle Öffnungen in den wasserdichten Schotten
- alle Öffnungen oberhalb der Wasserlinie geschlossen und
- kraftbetriebenen Lüftungseinrichtungen abgestellt sind.

40.
Mit welchen Gefährdungen muss bei der Brandabwehr gerechnet werden?

Die bei der Brandabwehr tätigen Besatzungsmitglieder werden gefährdet durch
- Sauerstoffmangel
- Atemgifte
- Hitze
- Verbrennungen
- Verbrühungen
- Verätzungen und
- mechanische Einwirkungen.

41.
Wo tritt insbesondere Sauerstoffmangel auf?

Sauerstoffmangel tritt insbesondere bei Bränden in geschlossenen Räumen auf. Bei der Brandabwehr sind unbedingt Pressluftatmer zu nutzen. Des Weiteren in Laderäumen, in denen sich Ladegüter befinden, die zur Selbsterwärmung neigen.

- **Einsatz mit Atemschutzgerät**

42.
Was sind Atemgifte und welche Wirkung haben sie?

Atemgifte sind:
- Schwebstoffe, bestehend aus Staub, Ruß, Asche, Aerosole oder Nebel;
- Dämpfe,
- Gase

Brandabwehr

Sie kommen durch Einatmung in den Körper und können eine
- erstickende Wirkung
- Reiz- und Ätzwirkung
- sowie Funktionsstörungen

zur Folge haben.

- **Atemgifte erschweren die Brandabwehr**

43.
Wann kann es zu Kreislaufstörungen bei Mitgliedern der Einsatzgruppe kommen?

Zu Kreislaufstörungen kann es bei
- schwerer körperlicher Belastung der Einsatzgruppe
- hohen Umgebungstemperaturen
- hoher Luftfeuchtigkeit und
- Wärmestau

kommen.

44.
Wodurch entstehen Verbrennungen und Verbrühungen?

Verbrennungen entstehen durch:
- die Berührung von heißen Teilen
- den Kontakt mit Flammen
- die Berührung von stromführenden Teilen.

Verbrühungen entstehen durch:
- den Kontakt mit heißem Wasser und Wasserdampf.

45.
Welche Faktoren erhöhen die Verletzungsgefahr bei der Brandabwehr?

Folgende Faktoren erschweren die Brandabwehr und erhöhen die Verletzungsgefahr:
- Schlechte Sichtverhältnisse (Dunkelheit, Verqualmung)
- Schiffsbewegungen
- Bodenglätte
- Explosionen
- zerstörte Teile und
- herabhängende Hindernisse.

- **zerstörte Teile**

46.
Wann ist der Fluchtretter zu benutzen?

Das Gerät ist zu benutzen, wenn ein durch giftige Gase oder Dämpfe verseuchter Bereich schnell verlassen werden muss.

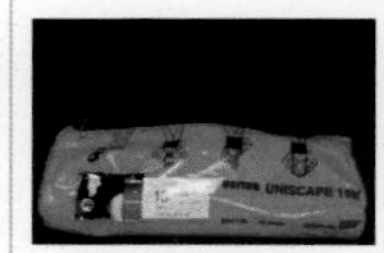

- **Fluchtretter**

Brandabwehr

47. Was ist beim Brand im Ladungsbereich mit Gefahrgütern zu beachten?	Es ist • die Gefahrgutbestimmung mit Hilfe der Ladungspapiere • die Bestimmung der Schutzausrüstung und Löschmittel • die Brandabwehr unter Berücksichtigung der vorgeschriebenen Verhaltensregeln vorzunehmen.	• **Gefahrgutbestimmung** • **Schutzausrüstung** • **Beachtung der Verhaltensregeln**
48. Wozu dient die Sicherheitsleine?	Die Sicherheitsleine ist • eine Orientierungshilfe in dunklen und verqualmten Räumen • ein Hilfsmittel zum Abseilen aus gefährdeten Bereichen. • ein Kommunikationsmittel.	• **Orientierungshilfe** • **Hilfsmittel** • **Kommunikationsmittel**
49. Welche Aufgaben muss der Einsatzgruppenführer an der Brandstelle erfüllen?	Der Einsatzgruppenführer muss • den Brand erkunden • die Situation einschätzen • das weiteren Vorgehen planen • die Rückmeldung an den Einsatzleiter gewährleisten • die Einsatzbefehle an die Gruppenmitglieder erteilen • den Erfolg der eingeleiteten Maßnahmen kontrollieren • die Lage erneut beurteilen.	 • **Brand auf einem Tanker**
50. Wann ist das Ankuppeln des Lungenautomaten an die Vollmaske vorzunehmen?	Das Ankuppeln erfolgt erst, wenn der Einsatzgruppenführer den Befehl zum Vorgehen gibt.	 • **Lungenautomat ist angekuppelt**
51. Welche Erscheinungen treten beim Öffnen einer Kammertür auf, hinter der sich ein Brand entwickelt hat?	Es treten folgende Erscheinungen auf: • aus dem oberen Teil der Tür schlagen Gase, Rauch und Flammen • aus dem unteren Teil dringt Frischluft in die Kammer • der Brand wird erneut heftig ausbrechen.	

Brandabwehr

52.
Wie ist der Niedergang mit einem Handfeuerlöscher zu begehen (von oben nach unten)?

Der Niedergang ist wie folgt zu begehen:
- der Feuerlöscher ist in der linken Hand zu tragen
- die rechte Hand umfasst den Handlauf des Niederganges
- der rechten Fuß ist parallel zur ersten Stufe aufzusetzen.

Danach ist
- der linke Fuß parallel zur nächsten Stufe aufzusetzen.

Vorteile:
- die Schuhsohlen liegen fest und rutschsicher auf
- der Hebelarm zum Festhalten ist kurz.

- **Niedergang zum Maschinenraum**

53.
Wozu dient die Mannschutzbrause?

Die Mannschutzbrause schützt gegen Rauch und Hitze. Das Vorgehen wird erleichtert.

54.
Mit welchen Löschmitteln sind unter Druck stehende gasförmig Stoffe wie Azetylen, Propan und Butan zu löschen?

Das ABC-Pulver ist hierfür ein geeignetes Löschmittel.

- **Fahrbarer Feulerlöscher (nach SOLAS und IMO)**

55.
Welche Nachteile hat CO_2 ?

CO_2 ist für die Brandklasse A und D ungeeignet. Es ist nur begrenzt vorhanden.

56.
Wo sind die im Brandfall zu verschließenden Öffnungen dargestellt?

Die im Brandfall zu verschließenden Öffnungen sind im Brandschutz- und Sicherheitsplan dargestellt.

57.
Wie ist das Feuer an einer brennenden Person zu ersticken?

Es ist eine Decke vom Kopf her über die Person zu legen.

- **Feuerlöschdecke im Container**

58. Welche Festlegungen gibt es zur Einsatzdauer eines Hitzeschutzanzuges?	Die Einsatzdauer darf 7 Minuten bei einem Mindestabstand zur Flammenfront von 1,7 m nicht überschreiten. 	 • **Einsatz mit Hitzeschutzanzug**
59. Wie wird das Maschinenraumpersonal beim Einsatz von CO_2 gewarnt?	Durch das Öffnen der Tür der Auslösestation wird der Alarm • optisch • akustisch automatisch ausgelöst.	 • **Hinweisschild für Auslösestation**
60. Wann bildet Treibstoff im Maschinenraum eine besondere Gefahr?	Eine besondere Gefahr besteht, wenn infolge einer Undichtigkeit der Treibstoff als Sprühstrahl entweicht.	
61. Warum ist eine in Brand geratene Baumwollladung schwer zu löschen?	Baumwolle ist Sauerstoffträger und dieser fördert die Verbrennung.	
62. Wie fühlt man die Temperatur eines Stahlschotts, hinter dem es brennt?	Das Schott ist mit der Außenseite der Hand kurz zu berühren.	
63. Wovon ist die Dauer des möglichen Einsatzes unter Atem-	Die Dauer ist abhängig: • von der Arbeitsbelastung und dem Luftverbrauch	

schutz am Einsatzort abhängig?

- von der Länge und dem Schwierigkeitsgrad des Rückzuges
- vom Alter des Atemschutzgeräteträgers.

64.
Welche Maßnahmen sind zu treffen, wenn eine unmittelbare Gefahr besteht, vom Feuer eingeschlossen zu werden?

Der Weg zum nächsten Ausgang bzw. Notausgang ist mit Hilfe des im Einsatz befindlichen Feuerlöschgerätes zu bahnen. Die Türen dahinter sind zu schließen.

- **Brandabwehr**

65.
Wie ist ein Entstehungsbrand in der Maschinenwerkstatt mit einem Pulverfeuerlöscher zu bekämpfen?

Es ist ein langer Schub in die Reaktionszone zu halten.

- **Einsatz des Pulverlöschers beim Entstthungsbrand**

66.
Welche Aufgaben hat der Truppmann am Schlauch?

Der Truppmann muss den Schlauch so tragen und sichern, dass der Strahlrohrführer nicht unnötig belastet wird.

67.
Durch plötzliche Hindernisse während des Rückzuges geht die Atemluft des Pressluftatmers zu Ende. Wie muss sich der Atemschutzgeräteträger verhalten?

Der Atemschutzgeräteträger muss

- sich auf den Boden legen
- ein Notzeichen mittels Signalleine geben
- den Lungenautomat abnehmen
- einen feuchten Lappen vor die Öffnung der Maske pressen und
- dicht am Boden sich in Richtung Ausgang bewegen.

68.
Welche Flüssigkeit ist einem Brandverletzten zu reichen?

Dem Verletzten ist frisches Wasser zu verabreichen. Auf keinen Fall Kaffee oder Alkohol.

69.
Der Geräteträger spürt mehrere Rucks an der Sicherheitsleine. Wie muss er sich verhalten?

Bei mehreren Rucks handelt es sich um ein Gefahrensignal. Der Geräteträger muss sofort den Rückzug antreten.

- Aufklärungstrupp

70.
Hinter einer Deckenverschalung brennt es. Wie ist der Brand zu bekämpfen?

Die Deckenverschalung ist mit einer hochspannungsisolierten Feuerwehraxt aufzubrechen. Der Brand ist mit einem CO_2 - bzw. ABC-Pulverfeuerlöscher abzulöschen. Bei der Brandabwehr ist ein Atemschutzgerät zu tragen.

- Feuerwehr-Axt(nach SOLAS und IMO)

71.
Wann kann der Träger eines Atemschutzgerätes auf eine Leinensicherung verzichten?

Eine Leinensicherung entfällt beim Einsatz des Atemschutzgeräteträgers im Schlauchtrupp.

72.
Was ist beim Löscheinsatz mit Feuerlöschern zu beachten?

Hinweis:
- Feuerlöscher erst am Brandherd in Betrieb setzen
- Feuerlöscher senkrecht halten

Beim Löscheinsatz mit Feuerlöschern müssen folgende Gesichtspunkte Berücksichtigung finden:
- es ist mit dem Wind zu löschen
- der Löschstrahl ist unter die Flammen in die Reaktionszone zu richten

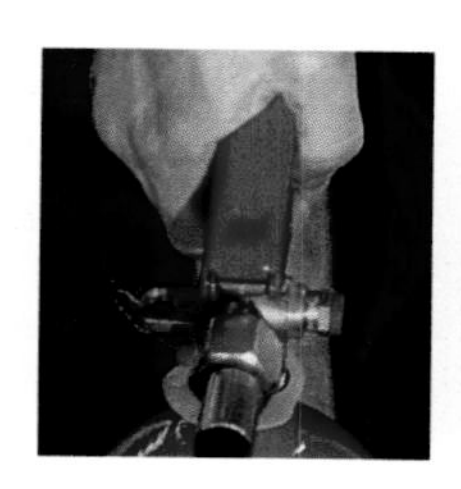

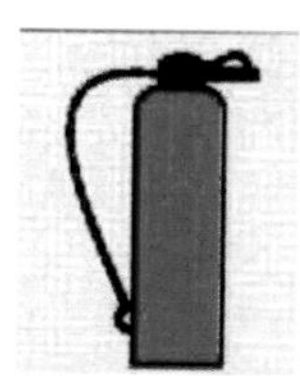

- Tragbarer Feuerlöscher Sicherheitskennzeichnung (nach SOLAS und IMO)

Brandabwehr

- Übung

- es ist nicht die Flamme, sondern die Glut abzulöschen
- ein Fließ- oder Tropfbrand ist von oben nach unten abzulöschen

- **Löschstrahl wird unter die Flamme gehalten**

- gegebenenfalls sind mehrere Feuerlöscher gleichzeitig einzusetzen
- es sind Brandwachen zu stellen, nach dem das Feuer gelöscht ist
- benutzte Geräte und leere Geräte sind aufzufüllen, mit Daten zu versehen und wieder vor Ort zu haltern.

- **Fahrbare Feuerlöscher (Sicherheitskennzeichnung (nach SOLAS und IMO)**

- **Brandfolgen an der Schalttafel**

73.
Warum muss bei der Brandabwehr mit der Gefahr durch elektrischen Strom gerechnet werden?

Es muss davon ausgangen werden, dass vom Brand beschädigte elektrische Leitungen nicht immer ein Auslösen der Sicherung verursachen. Bei einer Spannung von 220V und einem durchschnittlichen Widerstand des menschlichen Körpers von ca. 1.100 Ω, fließt ein Strom von 200 mA. Stromstärken von nur 50 mA können für einen Menschen jedoch schon tödlich sein.

- **Folgen eines Brandes im Deckenbereich**

74.
Was ist zu tun, damit der Löschtrupp nicht durch den elektrischen Strom gefährdet wird?

Es ist der betreffende Bereich stromlos zu schalten. Andernfalls sind bei Löscharbeiten unbedingt folgende Sicherheitsabstände einzuhalten:

- Bis 1000 Volt
  C – Rohr (Sprühstrahl) 1 m
  C – Rohr (Vollstrahl) 5 m
- Über 1000 Volt
  C – Rohr (Sprühstrahl) 5 m
  C – Rohr (Vollstrahl) 10 m.

75.
Welche Voraussetzungen sind zu treffen, nachdem man sich entschlossen hat, den

Es ist

- der Verschlusszustand herzustellen(Schotttüren, Skylights, Schornstein- und Lüfterklappen)
- die Maschinenraumbelüftung abzustellen
- eine Musterung auf Vollzähligkeit vorzunehmen
- das Notstromaggregat zu starten

Maschinenraum mit CO_2 zu fluten?

- die Wasserversorgung mit dem Notstrom - aggregat sicherzustellen
- die Haupt- und Hilfsmaschinen zu stoppen
- die erforderliche Menge CO_2 auszulösen.

- **Brand im Maschinenraum**

76.
Wo kann man sich über Brandabwehrmaßnahmen bei Gefahrgutbränden informieren?

Die erforderlichen Informationen kann man aus
- dem IMDG – Code
- den Gefahrstoffblättern und
- dem Gefahrgutstauplan

entnehmen.

- **Gefahrgutkennzeichnung**

77.
Welche besonderen Gefahren gehen von brennenden Kunststoffen aus?

Durch die Verbrennung entstehen u.a.
- Säuren
- toxische Gase
- verflüssigte Kunststoffe

die eine Brandabwehr erschweren.

78.
Wann kann auf das Anlegen von Sicherheitsleinen beim Einsatz von Atemschutzgeräteträgern verzichtet werden?

Auf den Einsatz der Sicherheitsleine kann verzichtet werden, wenn zwei Atemschutzgeräteträger mit Schlauch vorgehen.

- **Wassertruppmann**

- **Einsatzgruppe beim Vorgehen**

- **Vorbereitung des Einsatzes**

Brandabwehr

79.
Was ist bei der Erkundung eines Brandes zu ermitteln?

Bei der Erkundung ist zu ermitteln:
- Wo brennt es?
  (genaue Ortsangabe)
- Wie brennt es?
  (handelt es sich um einen Entstehungsbrand, Schwelbrand, offenes Feuer)
- Was brennt?
  (Brandklasse, bewegliche oder ortsfeste Teile, Gefahrengut u.a.)

Bei Personensuche:
- Wo befinden sich Personen?
- In welchen Zustand sind die Personen?

- **Vorbereitung der Erkundung**

80.
Wie erfolgt die Bestätigung eines Befehls?

Die Bestätigung des Befehls erfolgt durch seine Wiederholung gegenüber dem Vorgesetzten.

81.
Welche Daten sind von wem und zu welchem Zweck vor dem Einsatz des Pressluftatmers zu notieren?

Durch den Einsatzleiter ist
- der Flaschenfülldruck
- der Einsatzzeitpunkt und
- die voraussichtliche Einsatzdauer

zu dokumentieren.
Diese Daten spielen eine bedeutende Rolle für die Gewährleistung der Sicherheit des Geräteträgers und weiterer brandtaktische Entscheidungen.

- **Feststellung des Flaschendrucks**

82.
Wann muss der Einsatzgruppenführer das tragen von Sicherheitsleinen veranlassen?

Die Sicherheitsleine ist unbedingt beim Vorgehen
- eines einzelnen Geräteträgers bzw.
- von zwei Geräteträger ohne Schlauch

zu benutzen.

- **Einsatzgruppenführer meldet das Vorgehen**

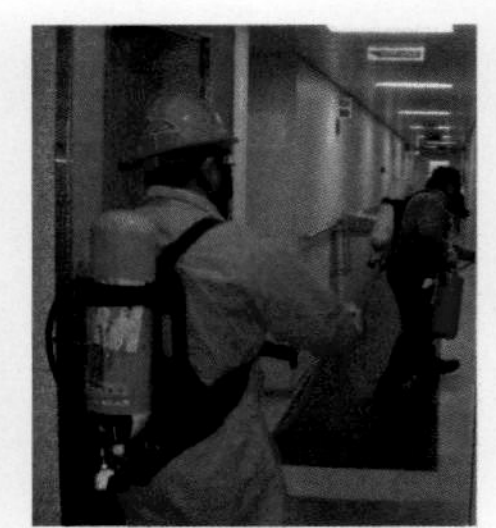

- **Vorgehen im Kammerbereich**

- **Geräteträger mit Sicherheitsleine**

Brandabwehr

83.
Welche Gefahren entstehen durch vertikale und horizontale Schächte bei einem Schiffsbrand?

Es kann zur schlagartigen Ausbreitung von Bränden an anderen Orten des Schiffes durch:
- Wärmeübertragung
- Flammendurchschläge und
- Luftzufuhr

kommen.

- **Ausdehnung des Brandes**

84.

Durch welche Maßnahmen kann das Feuer auf dem Deck an explosiven Stoffen und Gegenstände mit Explosivstoffen, bei denen die Feuergefahr sehr groß ist, abgewehrt werden?

Die Maßnahmen müssen sich darauf konzentrieren zu verhindern, dass das Feuer die explosiven Stoffe nicht erreicht. Folgende Aspekte sind zu beachten:
- die Versandstoffe sind nass zu halten
- die Brandabwehr ist mit Vollstrahl vornehmen
- der Brand ist aus einer sicheren Deckung zu bekämpfen
- noch nicht vom Feuer erfasste Versandstücke sind aus dem Gefährdungsbereich zu entfernen

- **IMDG - LABEL**

85.
Wie kann man einen Brand an verdichteten entzündbaren Gasen abwehren?

Der Brand ist durch
- Wassersprühstrahl
- Schaum oder
- Löschpulver

abzuwehren.
Des Weiteren sind
- benachbarte Gefäße mit Wasser zu kühlen
- unbeschädigte gekühlte Gefäße an einen sicheren Platz zu bringen.

- **IMDG - LABEL**

86.
Welche Maßnahmen ermöglichen eine erfolgreiche Brandabwehr bei einem Brand auf dem Deck an entzündbaren Flüssigkeiten, Flammpunkt 23°bis 61°?

Die Brandabwehr kann durch
- Wassersprühstrahl
- Schaum oder
- Löschpulver

erfolgen.
Gefäße, die vom Feuer erfasst werden können, sind entsprechend den Möglichkeiten zu
- kühlen oder
- aus dem Gefährdungsbereich zu entfernen.

- **IMDG – LABEL**

- **Brandabwehr mit Wassersprühstrahl**

Brandabwehr

87.
Was ist bei der Brandabwehr unter Deck an ätzenden Stoffen zu beachten?

Es sind die Luken dicht zu schließen und die installierte Feuerlöschanlage einzusetzen.
Andernfalls ist der Brand durch Wassersprühstrahl abzuwehren.
Durch die Einsatzgruppe sind Pressluftatemschutzgeräte, Schutzbekleidung und Schutzhandschuhe zu tragen.

- **IMDG – LABEL**

88.
Wie lässt sich ein Brand auf dem Deck an entzündbaren, gesundheitsschädigenden festen Stoffen, abwehren?

Der Brand ist durch Wassersprühstrahl abzuwehren. Die Einsatzgruppe hat Pressluftatemschutzgeräte zu tragen.
Filter- und Staubmasken dürfen nicht verwendet werden.

- **IMDG – LABEL**

- **Brand auf dem Deck**

- **Brandabwehr vom Rettungsschiff**

89.
Was geschieht beim Abkühlen des Brandgutes?

Das Brandgut wird durch den Wärmentzug auf eine Temperatur
- unterhalb seiner Zündtemperatur bzw.
- unterhalb des Flammpunktes

gebracht.

90.
Warum sind brennbare Stoffe aus dem Gefahrenbereich zu entfernen?

Die Entfernung der brennbaren Stoffe aus dem Gefahrenbereich verhindert das Erreichen der Zündtemperatur aus der unmittelbaren Umgebung des Brandes.

Brandabwehr

91.
Warum sind Flammen zu ersticken und die Glut abzukühlen?

Durch das Ersticken wird einem Brandgut, dass nur mit Flammen brennt, der Sauerstoff erzogen. Durch das Abkühlen der Glut wird die Bildung brennbarer Gase verhindert.

92.
Warum ist bei starker Rauchentwicklung eine kriechende oder gebückte Haltung beim Vorgehen einzunehmen?

Die Brandabwehr wird erleichtert durch
- die am Boden herrschenden besseren Sichtverhältnisse
- das Erkennen von Unfallgefahren
- die geringere Wärmebelastung
- den geringeren Kontakt mit dem Brandrauch.

Die Orientierung wird insgesamt erleichtert.

93.
Warum muss bei der Brandabwehr der Gefahrenbereich mit Wasser am Strahlrohr betreten?

Die unmittelbar am Einsatz beteiligten Personen können sich ausreichend schützen und ohne Verzögerung mit der Brandabwehr beginnen.

94.
Warum dürfen Verteiler und Strahlrohre nicht schlagartig geöffnet oder geschlossen werden?

Durch das schlagartige Schließen oder Öffnen kann es zu unkontrollierten Bewegungen von Verteilern und Strahlrohren sowie zum Platzen der Schläuche kommen.

95.
Was ist bei der Abwehr des Brandes an Deck u.a. zu beachten?

Die Abwehr ist in Windrichtung vorzunehmen. Die Brandabwehr wird für den Einsatztrupp erleichtert, der Erfolg der Brandabwehr eher gesichert.

- **Bessere Sichtverhältnisse**
- **Orientierung ist günstiger und unfallsicherer**

Brandabwehr

Frage	Antwort	Hinweis
96. Wie kann der „Flash-over" verhindert werden?	Es ist eine frühzeitige Rauchgaskühlung durch Sprühstrahl vorzunehmen, um eine Verringerung der Zündtemperatur zu erreichen.	• **Temperaturen bei Flash-over über 1000°C**
97. Welche Ersatzsysteme stehen bei Ausfall der Stromversorgung und der Feuerlöschpumpe zur Verfügung?	Ersatzsystem für die Stromversorgung ist das Notstromaggregat, für die Feuerlöschpumpe die Notfeuerlöschpumpe. Die Bedienung kann per Hand vor Ort bzw. über Fernbedienung erfolgen.	
98. Wie wird das Personal im Maschinenraum gewarnt, bevor die einsetzende Beflutung des Maschinenraum mit CO_2 erfolgt?	Die Alarmauslösung erfolgt automatisch durch das Öffnen der Tür der Auslösestation.	
99. Welche Bedeutung hat der richtige Arbeitsabstand bei der Brandabwehr?	Der Arbeitsabstand ist die Entfernung zwischen der Austrittsöffnung des Löschgerätes und dem Brandherd. Fehleinschätzungen können • zur Unterschreitung der Sicherheitsgrenze und zu Verletzungen und • zu verminderter Löschleistung führen.	**Arbeitsabstand:** • **Wassersprühstrahl 4 Meter** • **Wasservollstrahl größer als 4 Meter**
100. Wo wird die bestmögliche Löschwirkung erzielt?	Das Löschmittel ist • dicht über der Oberfläche des brennbaren Stoffes und • unterhalb der sichtbaren Flammen einzubringen. In diesem Bereich wird eine • kühlende • erstickende • reaktionshemmende bestmögliche Löschwirkung erzielt.	

Rettungsmittel und Handhabung

1.
Welche Fertigkeiten muss ein Rettungsbootsmann nach weisen?

Ein Rettungsbootsmann muss in der Prüfung die Handhabung der
- persönlichen Rettungsmittel
- Antriebe des Überlebensfahrzeuges
- Signalmittel
- Hubschrauberrettungsschlinge
- Aussetzvorrichtung für Überlebensfahrzeuge
- und die Handhabung des Überlebensfahrzeuges

nachweisen

Persönliche Rettungsmittel

2.
Welche persönlichen Rettungsmittel kommen an Bord zum Einsatz?

Vorgeschriebene zugelassene persönliche Rettungsmittel sind:
- der Überlebensanzug (Eintauchanzug)
- die Rettungsweste
- das Wärmeschutzhilfsmittel.

- **Art und Mindestzahl sind durch die SBG vorgeschrieben**

3.
Wo sind die persönlichen Rettungsmittel aufzubewahren?

Die persönlichen Rettungsmittel sind in den Kammern und im Bereich der Sammelstellen aufzubewahren.

- **Sicherheitsstore**

4.
Aus welchen Teilen besteht der Überlebensanzug?

dauerhafter Aufdruck:

- **SeeBG-Zul. Nr.**
- **Hersteller**
- **Modelname und -nummer**
- **Herstellungsdatum**

Der Überlebensanzug setzt sich aus folgenden Teilen zusammen:

- Kopfhaube
- Mundlasche
- Wasserdichter Reißverschluss
- Handschuhe fest mit dem Ärmel verbunden
- Füßlinge
- feste Laufsohle
- Reflexmaterial
- Klett- oder Schnallenbänder
- Tasche mit Leuchte und Signalpfeife
- Verbindungsleine
- Haltegurt
- feste Laufsohle.

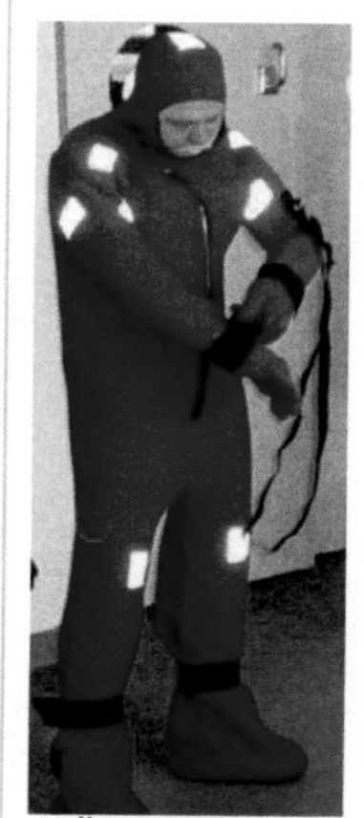

- **Überlebensanzug wird angezogen**

Rettungsmittel und Handhabung

- **Der Anzug muss innerhalb von 2 Minuten ausgepackt und angelegt sein**

5.
Welche Aufgaben können mit dem Überlebensanzug erfüllt werden?

Der Überlebensanzug ermöglicht:
- senkrechte Leitern hinauf- und hinabzusteigen
- aus geringer Höhe(aus 4,5 m) in das Wasser zu springen
- kurze Strecken zu schwimmen
- ein Überlebensfahrzeug zu besteigen
- einen Aufenthalt von mindestens 6 Stunden Dauer in Wasser von 0° C, ohne das beim Träger eine Unterkühlung eintritt
- Aufgaben beim Verlassen des Schiffes wahrzunehmen.

- **Überlebensanzug (Sicherheitskennzeichnung nach SOLAS und IMO)**

6.
Wie ist ein Überlebensanzug zu handhaben?

Die Handhabung kann aus der Bedienungsanweisung, aufgedruckt auf dem Überlebensanzug und der Tragetasche, entnommen werden.
Handhabung:
- wie ein Overall anziehen
- Kopfhaube aufsetzen
- Ärmel überziehen
- Gurte an Füßen und Händen durchziehen und befestigen
- Mundlasche befestigen.

- **Anziehen des Überlebensanzuges**

7.
Welche Aufgabe hat die Verbindungsleine am Überlebensanzug?

Die Verbindungsleine ermöglicht das Verbinden der im Wasser treibenden Personen untereinander oder das Befestigen an treibenden Gegenständen.

nach der Übung

- **untereinander verbunden**

Rettungsmittel und Handhabung

- **Rettungskette - im Wasser treibende Personen untereinander verbunden**

- **im Überlebensanzug**

8.
Wie heißen die Einzelteile der Rettungsweste aus Feststoff?

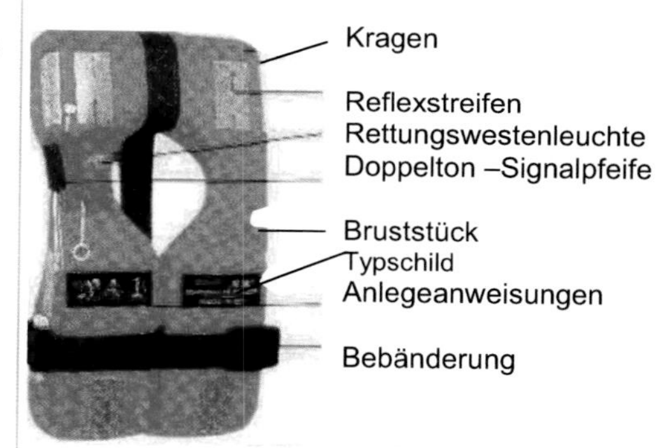

- **Rettungsweste**

9.
Welche Eigenschaften haben die verwendeten Materialien der Rettungsweste?

Die Materialien sind :

- verrottungsfest
- seewasserbeständig
- alterungsbeständig
- schwer entflammbar
- beständig gegen Öl, Wasch-, Reinigungs-, und Spülmittel.

Rettungsweste als Ersatz für einen Rettungsring

- **Rettungsweste (Sicherheitskennzeichnung nach SOLAS und IMO)**

Rettungsmittel und Handhabung

10.
Wie lässt sich die aufblasbare Rettungsweste aktivieren ?

Das Aufblasen der Rettungsweste kann
- selbsttätig
- durch Handauslösung
- mit dem Mund

erfolgen.

Sie besitzt zwei getrennte Zellen.

- **Rettungsweste, aufblasbar**

11.
Wie ist die Rettungsweste anzulegen?

Den Kragen über den Kopf ziehen, Gurt umlegen und verschließen.

- **angelegte Rettungsweste**

12.
Wie ist die Wirkungsweise der Rettungsweste?

Die Rettungsweste dreht den Körper im Wasser aus jeder Lage in eine rückwärtsgeneigte Körperlage und hebt das Gesicht aus dem Wasser. Mund und Nase sind frei. Die Weste ist ohnmachtssicher.

13.
Was ist beim Sprung ins Wasser zu beachten?

Die Rettungsweste ist mit beiden Händen vorn und oben nach unten zu halten. Nur im äußersten Notfall mit der Rettungsweste aus geringer Höhe ins Wasser springen. Vorher die Höhe durch Leitern, Leinen u.ä. reduzieren.

- **Sprunghöhe reduzieren**

Wärmeschutzhilfsmittel

14.
Was sind Wärmeschutzhilfsmittel?

Wärmeschutzhilfsmittel sind
- wasserdichte
- sackartig geschnittene Hüllen
- mit geschlossenen Ärmeln, Kapuze und Reißverschluss.

15.
Wo werden Wärmeschutzhilfsmittel getragen?

Wärmeschutzhilfsmittel werden
- in Rettungsbooten
- in Rettungsflößen
- über die Kleidung
- gegen Durchnässen und
- gegen Unterkühlung

getragen.
Der Wärmeverlust des Körpers wird durch Konvektion und Verdampfung verringert.

- **Wärmeschutzhilfsmittel**

Rettungsmittel und Handhabung

Rettungsringe

16.
Welche Aufgabe hat der Rettungsring zu erfüllen?

Der Rettungsring dient einer außenbords gefallenen Person als Schwimmhilfe. Des Weiteren markiert er die Unfallstelle und ermöglicht die schnelle Bergung des Verunfallten durch die Besatzung.

- **Schwimmhilfe**
- **Markierung der Unfallstelle**

17.
Was müssen die Hersteller von Rettungsringen beachten?

Rettungsringe sind aus
- zugelassenen Werkstoffen
- einem Stück
- vorgeschiebenen Abmessungen
- vorgeschriebener Masse

herzustellen.
Rettungsringe sind mit
- dem Schiffsnamen
- dem Heimathafen
- einer gut sichtbaren Farbe (leuchend rot, gelb-orange)
- Reflexstoffen

zu versehen.
Des Weiteren müssen sie mit einer ringsherum laufenden fest angebrachten Sicherheitsleine versehen sein.

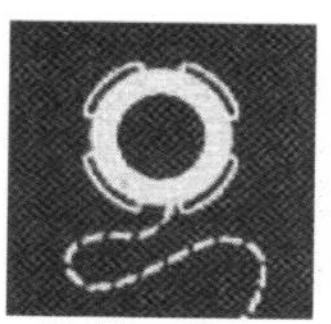

- **Rettungsring mit Leine (Sicherheitskennzeichnung nach SOLAS und IMO)**

- **Rettungsring mit selbstzündendem Licht (Sicherheitskennzeichnung nach SOLAS und IMO)**

18.
Welche Eigenschaften muss ein Rettungsring aufweisen?

Ein Rettungsring muss:
- im Seewasser seine Schwimmfähigkeit und Formbeständigkeit auch bei Kontakt mit Öl und bei Temperaturschwankungen beibehalten
- im Frischwasser eine Masse von 14,5 Kg 24 Stunden lang tragen
- eine Masse von mindestens 2,5 Kg haben
- bei einem Wurf ins Wasser seine Gebrauchsfähigkeit beibehalten
- mit einer Greifleine von mindestens 9,5 mm Durchmesser ausgerüstet sein.

Rettungsmittel und Handhabung

19.
Welche Zusatzausrüstung gibt es für Rettungsringe?

Zusatzausrüstungen für Rettungsringe sind:
- selbstentzündendes Nachtlicht
- schwimmfähige Rettungsleine
- Licht-Rauch-Signal.

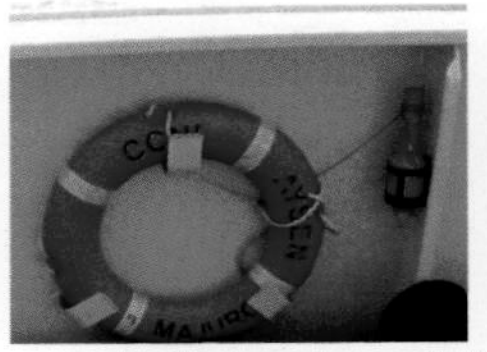

- **Rettungsring mit Nachtlicht**

- **Licht-Rauchsignal**

20.
Welche Vorschriften gibt es zur Anzahl, Zusatzausrüstung und Anordnung von Rettungsringen?

Anzahl, Zusatzausrüstung und Anordnung der Rettungsringe sind in Abhängigkeit
- der Größe und
- dem Fahrtgebiet

des Schiffes vorgeschrieben.
Vorgeschrieben ist u.a. ein Rettungsring mit
- einer schwimmfähigen Leine auf jeder Seite des Schiffes
- ein Licht-Rauchsignal auf jeder Seite des Ruderhauses.
- Ein Rettungsring in der Nähe des Hecks.

- **Rettungsring mit Leine**

- **Rettungsring mit Licht-Rauchsignal**

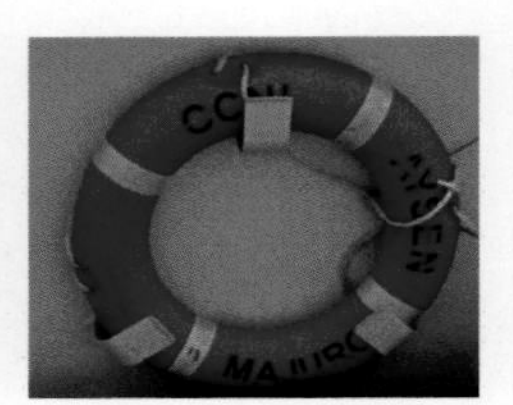

- **Rettungsring mit selbstzündendem Licht und selbsttätig arbeitenden Rauchsignal (nach SOLAS und IMO)**

21.
Wo ist ein Rettungsring mit Leine vorsorglich bereit zu halten?

Ein Rettungsring mit Leine ist vorsorglich bei
- der Lotsenübernahme
- Außenbordsarbeiten und
- in der Nähe des Landgangs

bereit zu halten.

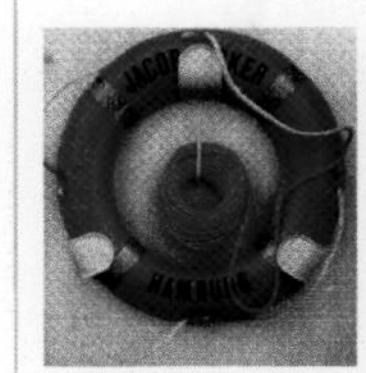

- **Rettungsring mit Leine**

22.
Wozu dient ein Leinenwurfgerät?

Das Leinenwurfgerät dient zur Herstellung einer Leinenverbindung zwischen
- Schiffen
- einem Schiff und einer Landstelle.

- **Leinenwurfgerät**

23.
Aus welchen Teilen besteht das Leinenwurfgerät?

Das Leinenwurfgerät besteht aus
- dem Abschussgerät
- 4 Leinenwurfraketen und
- 4 Flechtleine, 260 m lang.

- **Leinenwurfgerät (nach SOLAS und IMO)**

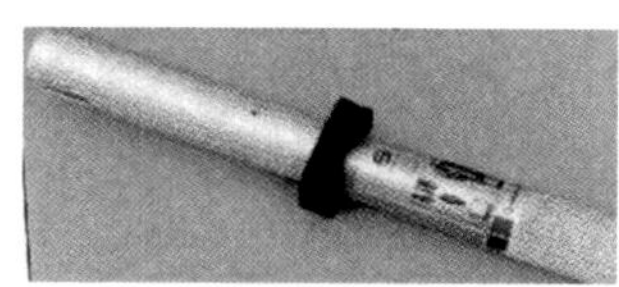

- **Abschussgerät**

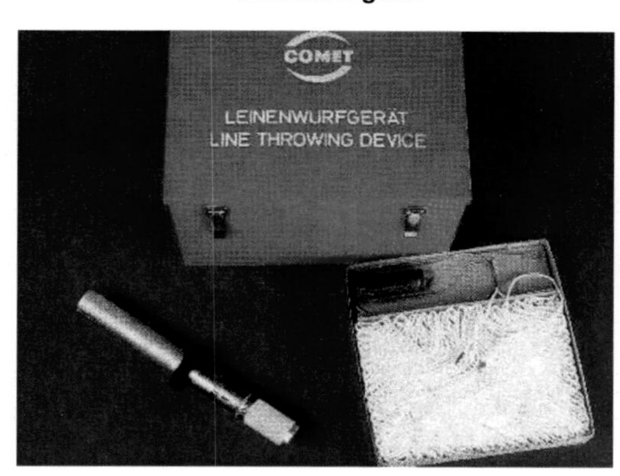

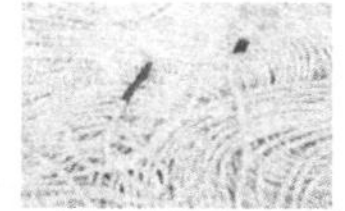

- **Flechtleine mit rot und grün markierten Enden**

- **Zinkrahmen zum Leinenaufschiessen**

24.
Wie ist das Leinenwurfgerät zu handhaben?

Die Handhabung ist nach der Gebrauchsanweisung durchzuführen.

- der Leinenkarton ist zu öffnen
- das von unten kommende Leinenende, grüne Markierung, ist am Abschussort zu befestigen
- das obere Leinenende, rote Markierung, ist am

Treibsatz zu befestigen
- der Griff des Abschussgerätes ist so weit zu drehen bis die Markierung schwarz über schwarz steht
- danach ist der Treibsatz bis zum Anschlag in den Lauf des Abschussgerätes zu schieben
- der Schießende tritt ca 1 m hinter den Leinenkasten
- das Abschussgerät ist in Hüfthöhe seitlich am Körper vorbeizuhalten, Abschusswinkel ca 20 Grad über die Horizontale
- der Schuss ist durch das Drehen des Griffes nach links, bis die Markierung rot über rot steht, auszulösen.

- **Signalpistole mit Pistolenzusatzgerät zur Herstellung von Leinenverbindungen bei Seenot- und Mann-über Bord-Unfällen**

- **schwarz über schwarz**

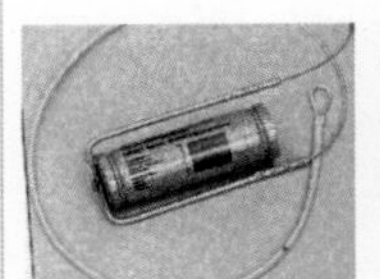

- **Leinenwurfrakete**

- **rot über rot**

Pyrotechnische Signalmittel

25.
Welche pyrotechnischen Notsignale finden auf Schiffen Verwendung?

Folgende Signale werden auf Schiffen im Notfall verwendet:
- Fallschirmleuchtrakete
- Handfackel rot
- Rauchsignal

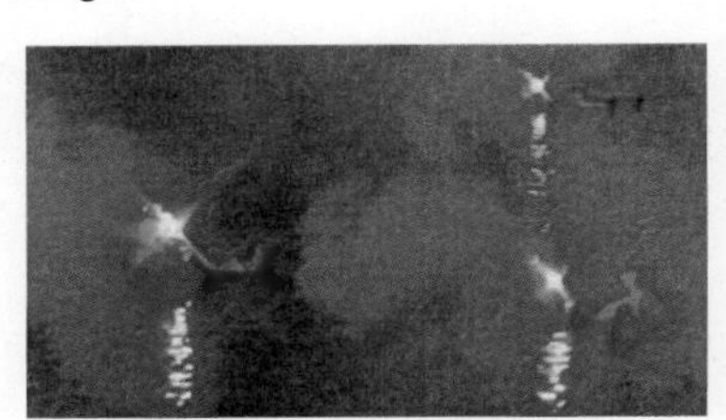

- **Aktivierung von Handfackeln**

- **Fallschirmleuchtrakete**
- **Handfackel rot**

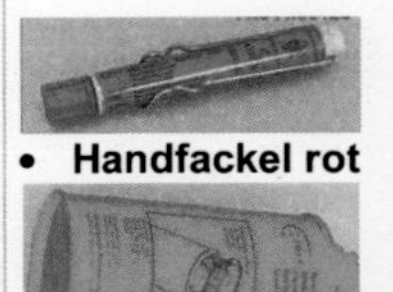

- **Rauchsignal**

26.
Was soll durch die Aktivierung von pyrotechnischen Notsignalen erreicht werden?

Pyrotechnische Notsignale informieren in Sichtweite befindliche Rettungsfahrzeuge über die Notsituation und ermöglichen die schnelle Auffindung und Rettung von Personen und Schiffen.

27.
Wie erfolgt die Handhabung der Fallschirm-

Vor der Handhabung ist die in der Verpackung beiliegende Bedienungsanweisung zu beachten.
Handhabung:

- **Steighöhe ca. 300 m**

leuchtrakete?

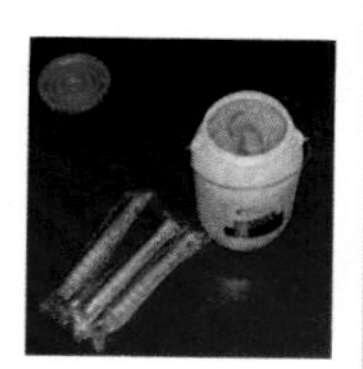

- Feststellen der Schußrichtung (gegen den Wind)
- Fallschirmrakete aus der Verpackung nehmen
- mit dem roten Kopf und Pfeil nach oben frei von Schiffsteilen halten
- Schutzkappe abziehen
- am Ring ziehen, Schlagzünder wird betätigt
- Signal geht nach oben und öffnet sich
- Signal schwebt am Fallschirm nach unten.

- **Brenndauer 40 s**
- **Sichtweite bei guter Sicht 25 sm**

28.
Wie erfolgt die Handhabung der Handfackel?

Vor der Handhabung ist die in der Verpackung beiliegende Bedienungsanweisung zu beachten.

- Handhabung:
- Handfackel aus der Verpackung nehmen
- Handgriff aufklappen und einrasten
- Schutzkappe abnehmen
- Schnur des Reißzünders herausnehmen
- Handfackel auf der Leeseite außenbords halten
- Kopf abwenden, um Verletzungen durch Funkenflug zu vermeiden
- Reißzünder ziehen.

- **Brenndauer 1 min**
- **Sichtweite bei guter Sicht**
- **10 sm**

29.
Wie erfolgt die Handhabung des Rauchsignals?

Vor der Handhabung ist die in der Verpackung beiliegende Bedienungsanweisung zu beachten.
Handhabung:

- Rauchsignmal aus der Verpackung nehmen
- Schutzkappe abnehmen
- Reißzünder ziehen

Rauchsignal auf der Leeseite ins Wasser werfen

- **Brenndauer 4 min**

Notsignale

30.
Welche Notsignale sind international vorgeschrieben?

- **Signalpistole zum Abschuß von Leucht- und Signalpatronen**

Im Notfall dürfen folgende Signale verwendet werden:

- Knallsignale in Zwischenräumen von ungefähr einer Minute
- anhaltendes Ertönen eines Nebelsignales
- Raketen oder Leuchtkugeln mit roten Sternen, einzeln, in kurzen Zwischenräumen
- das Morsesignal SOS durch Telegraphiefunk oder andere Signalarten
- das gesprochene Wort MAYDAY als Sprechfunksignal
- das Flaggensignal NC des Internationalen Signalbuches
- eine viereckige Flagge, darüber oder darunter ein Ball

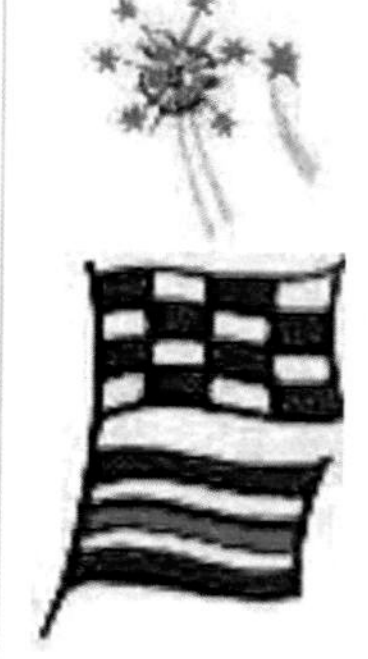

- **darunter**

Rettungsmittel und Handhabung

- Flammensignale
- rote Fallschirm-Leuchtrakete
- rote Handfackel
- Rauchsignal mit orangefärbten Rauch
- langsames und wiederholtes Heben und Senken der nach beiden Seiten ausgestreckten Arme
- Telegrafie-Alarmzeichen
- Sprechfunkalarmzeichen
- von einer Seenotfunkbake ausgestrahlte Funksignale
- die von einem Radartransponder ausgestrahlten Funksignale
- Seewasserfärbung
- orangefarbenes Segeltuch mit einem schwarzen Quadrat oder Kreis.

- **Viereckige Flagge darüber/ oder darunter**

pyrotechnische Signalmittel

Funktechnische Rettungsmittel

31.
Wozu dienen und wie funktionieren Radartransponder?

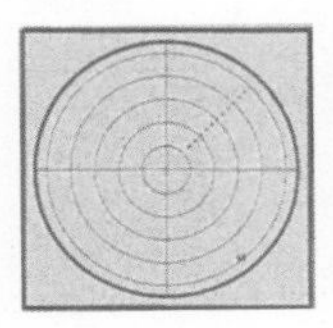

Radartransponder (SART= Search and Rescue Transponder) dienen der Ortung und Zielfahrt bei der Suche und Rettung von Personen und Schiffen. Die manuell auszulösenden Radartransponder senden Radarsignale aus und können von einen suchenden Schiff auf dem Radarschirm geortet werden. Sobald der Transponder durch das Radarsignal eines Rettungsschiffes getroffen ist, sendet er Impulsignale, die auf dem Radar eines Rettungsschiffes sichtbar sind und den direkten Weg zum Unfallort zeigen. Das Signal erscheint als eine Reihe von 12 Einzel- oder Doppelpunkten.

- **Radartransponder (Sicherheitskennzeichnung nach SOLAS und IMO)**

32.
Aus welchen Teilen besteht der Radartransponder?

Der Radartransponder gehört zur Notausrüstung und besteht aus:

- dem Transponder
- der Standardhalterung und
- einer Befestigungsschnur für Rettungsboote und Rettungsinseln.

Die Standardhalterung ist

- aufrecht und so hoch wie möglich
- gut sichtbar und
- leicht entnehmbar

zu montieren.

- **Radartransponder**

33.
Wie wird die Funktionstüchtigkeit des Radartransponders angezeigt?

Der Radartransponder ist mit einer eingebauten Leuchtdiode und einem Lautsprecher ausgestattet, die die Funktionstüchtigkeit des Gerätes anzeigen. Die Leuchtdiode blinkt, sobald der Transponder aktiviert ist.

34.
Wie erfolgt die Bedienung des Radartransponders?

Aktivierung:

- die Plombe ist aus dem Schalter zu entfernen
- der Sicherungsstift ist herauszuziehen
- der Schalter muß auf „ON" stehen
- (die Leuchtdiode beginnt zu blinken, ein Piepton ertönt)
- der Transponder ist so hoch wie möglich zu haltern
- Kontaktaufnahme mittels Handsprechfunkgerät bei einem sich nähernden Schiff oder Hubschrauber

Deaktivierung:

- den Schalter in die Position „OFF" bewegen
- den Sicherungsstift wieder hineinstecken

Testen

- das Radargerät auf den 10 sm Bereich einstellen
- den Schalter auf die Position „TEST" schieben und festhalten
- das Radarbild auf korrekte Musterbilder überprüfen

Der Test sollte auf hoher See durchgeführt werden, um Radarechos von Land zu vermeiden.

- **Radartransponder**

35.
Welche Wartungsvorschriften sind zu beachten?

Der Radartransponder ist halbjährlich zu testen. Alle 4 Jahre ist die Batterie auszutauschen.
Der Austausch ist wie folgt vorzunehmen:

- der Verschlussring ist nach links zu drehen (Transponder lässt sich auseinandernehmen)
- die Batterieeinheit ist von der Elektronikeinheit zu trennen
- eine neue Batterieeinheit ist anzuschließen
- der Verschlussring ist fest nach rechts zu drehen
- der Transponder ist auf Funktionstüchtigkeit zu testen.

Rettungsmittel und Handhabung

36.
Wie erfolgt die automatische Alarmierung der Retter im Notfall?

Die automatische Alarmierung im Notfall erfolgt durch **EPIRBs.** EPIRB ist die Abkürzung für Emergency Position Indicating Radio Beacon. Es handelt sich hierbei um elektronische Systeme, die im Falle eines Unglücks automatisch Retter alarmieren.

Eine EPIRB verfügt über ein eingebautes GPS mit Sender, das nach Auslösung ständig die aktuellen Positionsdaten und die Schiffsidentifikationsnummer über einen Satelitten an eine Bodenstation übermittelt. Von dort wird das Signal automatisch an das für dieses Seegebiet zuständigen Seenotleitstelle wietergeleitet.

Die Satelliten-Seenotfunkbake beginnt zu senden, nachdem sie
- von Hand eingeschaltet wurde
- außenbords geworfen wurde oder
- selbsttätig aufgeschwommen ist.

- **Seenotfunkbake (Sicherheitskennzeichnung nach SOLAS und IMO)**

- **EPIRB**

37.
Welche wichtigen Eigenschaften sichern die Funktionsfähigkeit der EPIRB?

Die EPIRB ist:
- wasserdicht
- schwimmfähig
- widerstandsfähig
- Seewasser-, öl- und sonnenbeständig und
- einfach zu bedienen.

38.
Wie wird der Betrieb der EPIRB angezeigt?

Nach der Aktivierung wird die Betriebsfähigkeit durch ein Blitzlicht und LED angezeigt.

39.
Welche Wartungsvorschriften sind für die EPIRB zu beachten?

Die Wartung beinhaltet:
- das Testen des Gerätes
- die Überprüfung der Halterung auf Schäden
- die Überprüfung des Gültigkeitsdatum des hydrostatischen Freigabemechanismus und der Batterie.

Rettungsmittel und Handhabung

40.
Wie ist die EPIRB zu lagern?

Die EPRIB muß an Bord so gelagert werden, dass sie beim Untergang eines Schiffes unter allen Umständen frei aufschwimmen kann.

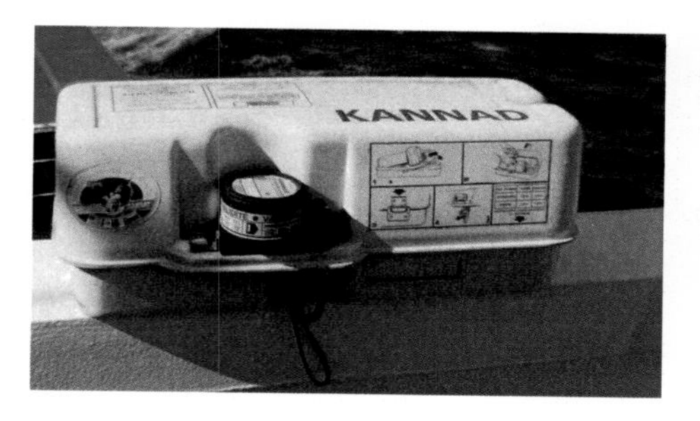

• **EPIRB**

41.
Wie wird die EPIRB getestet?

Das Gerät kann ohne Entnahme aus der Halterung getestet werden. Der Test beinhaltet:

- das Drücken des federgeladenen Schalters in die Testposition

Ein erfolgreicher Test besteht aus:
- dem Blinken des LED – Test-Anzeigers gefolgt von einem kontinuierichen Licht und einem Blitz der Blitzlampe nach 15 Sekunden.

42.
Die EPIRB soll ins Rettungsboot oder Floß genommn werden. Wie ist EPIRB unterzubringen?

Das Gerät ist
- außerhalb der Abdeckung
- unter freien Himmel
- längsseits im Wasser schwimmend mit einer Fangleine befestigt

unterzubringen.
Es darf nicht durch das Überlebensfahrzeug oder die Ausrüstung gegen den Sateliten abgeschirmt senden.

43.
Für welche Zwecke werden UKW-Handsprechfunkgeräte eingesetzt?

UKW-Handsprechfunkgeräte dienen der Verständigung:
- der Überlebensfahrzeuge untereinander
- der Überlebensfahrzeuge und der Rettungsfahrzeugen
- des innerbetrieblichen Nachrichtenaustausches.

44.

Durch welche Teile des UKW-Handsprechfunkgerätes wird die Funktion des Gerätes ermöglicht?

Die Funktionstüchtigkeit des Gerätes wird gesichert durch folgende im Gehäuse eingebauten Teile:

- Sender
- Empfänger
- Mikrophon
- Lautsprecher
- Antenne
- Batterie.

Das Gerät hat nachstehende Bedienelemente:

- Ein / Ausschalter
- Regler für die Empfangslautstärke
- Kanalwahlschalter
- Rauschpegelregler

Alle Kanäle sind Simplexkanäle.

- **UKW – Handsprechfunkgerät**

45.
Welche Teile gehören zur Ausrüstung von Rettungs-booten und Flößen?

Ausrüstungsgegenstände von Rettungsbooten sind:

- Dosenöffner
- Eimer
- Erste – Hilfeausrüstung
- Fangleinen
- Fischfanggerät
- Handpumpe
- Klappmesser mit Leine
- Kompasshaus mit zugelassenem Kompass
- Lebensmittelrationen luftdichtverpackt im wasserdichten Behälter
- Medikamente gegen Seekrankheit
- Ösfass, schwimmfähig
- Pulverfeuerlöscher
- Rettungssignaltafel
- rostfreie Schöpfbecher mit Leine
- rostfreie Trinkbecher mit Maßeinteilung
- Spucktüten
- Suchscheinwerfer
- Tagessignalspiegel mit Bedienungsanleitung
- Treibanker mit Treibankerleine und Einholleine
- Überlebenshandbuch
- UKW – Handsprechfunkgerät
- Wärmeschutzmittel
- wasserdichte Behälter mit 3 l Trinkwasser für jede Person
- Lebensmittelrationen
- Wasserdichte Taschenlampen Reserveglühlampen und Reserverbatterin
- Werkzeuge für den Motor
- Wurfringe mit Wurfleine, schwimmfähig
- zugelassene Fallschirmleuchtraketen
- zugelassene Handfackeln
- zugelassene schwimmfähige Rauchsignale.

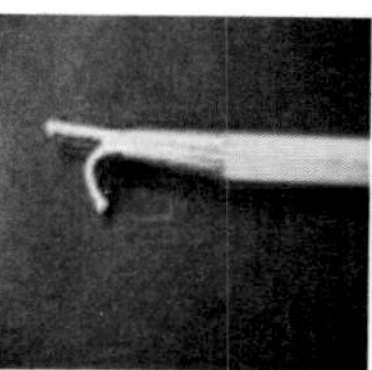

- **Bootshaken**

Wurfring mit Leine

- **Eimer**

- **Ösfass**

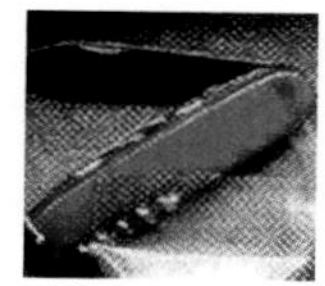

- **Klappmesser mit Leine**

- **Kappbeile**

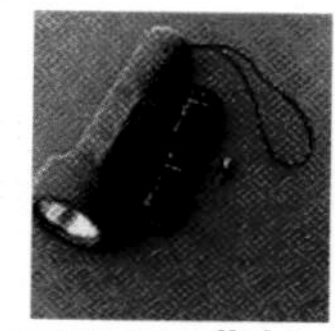

- **wasserdichte Taschen-lampe**

Rettungsmittel und Handhabung

46.
Welche Ausrüstungsteile befinden sich noch zusätzlichlich auf aufblasbaren Bereitschaftsbooten und Flößen?

Es handelt sich um folgende Ausrüstungsteile:
- Blasebalg oder Handluftpumpe
- Reparaturausrüstung
- Schwämme
- Schwimmfähiges Sicherheitsmesser
- Sicherheitsbootshaken

47.
Wofür wird der Blasebalg gebraucht?

Der Blasebalg (oder die Luftpumpe) wird zum Nachfüllen der Schläuche im Floß und zum Auffüllen des Doppelbodens im Floß benötigt.

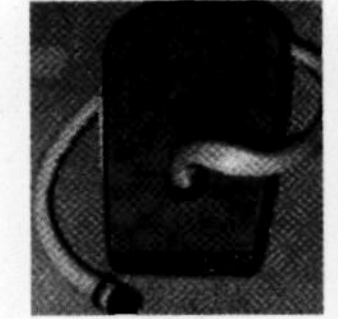

- **Blasebalg**

48.
Wie sind die Lebensmittelrationen zu lagern?

Die Lebensmittelrationen sind in luftdicht und wasserdicht verschließbaren Behältern zu lagern.

49.
Aus welchen Teilen besteht ein Tagessignalspiegel und wozu dient er?

Ein Tagessignalspiegel besteht aus
- einem metallenem Spiegel und
- einer Visiereinrichtung.

Er dient zur Erleichterung der Suche auf See durch Rettungsfahrzeuge. Der Tagessignalspiegel ist ein Reflektor mit dessen Hilfe unter Ausnutzung von Sonnenlicht am Tag oder fremder Lichtquellen in der Nacht den Suchfahrzeugen Signale gegeben und der eigene Standort angezeigt wird. Durch die Visiereinrichtung kann der reflektierte Lichtsstrahl auf das Suchfahrzeug gerichtet werden.

- **Tagessignalspiegel**

- **Suchendes Fahrzeug**

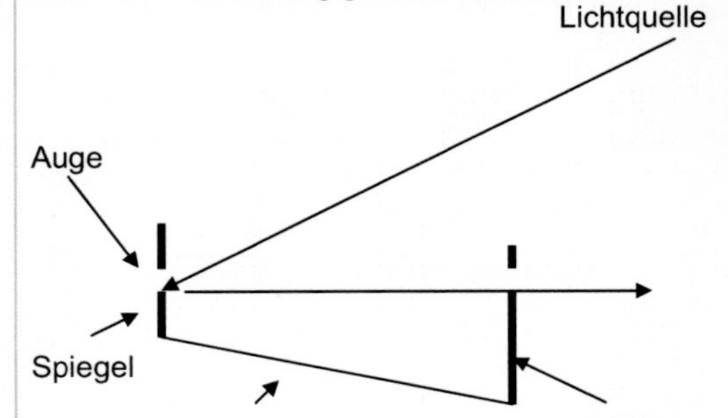

Rettungsmittel und Handhabung

50.
Wie wird der Tagessignalspiegel gehandhabt?

Der Spiegel ist in die rechte Hand und das Visier ist in die linke Hand zu nehmen. Die gestreckte Schnur bestimmt die Entfernung Spiegel – Visier. Danach ist durch das Loch des Spiegels und des Visiers das suchende Schiff an zu visieren. Dabei ist zu beachten, dass die matte Seite des Spiegels direkt vor das Auge gehalten wird.

Treibanker

51.
Aus welchen Teilen besteht der Treibanker und welchen Zweck erfüllt er?

Der Treibanker besteht aus:

1. einem kegelstumpfförmigen Beutel
2. einem Ring an der großen Öffnung
3. einem Hahnepot
4. der Treibankerleine
5. der Einholleine

• **Treibanker**

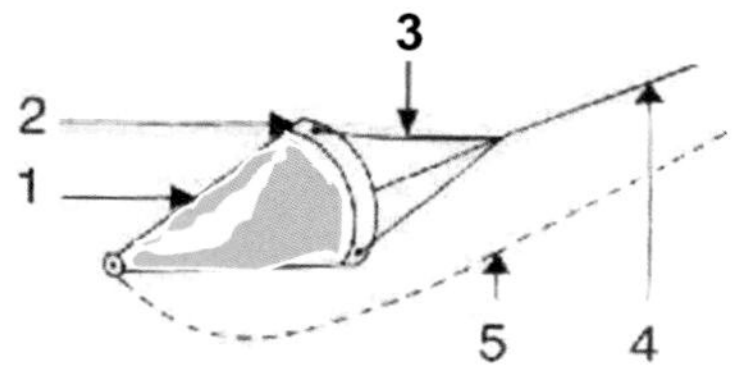

Der Treibanker verlangsamt das Vertreiben des Rettungsbootes bzw. Floßes und hält den Bug des Rettungsbootes in den Seegang.

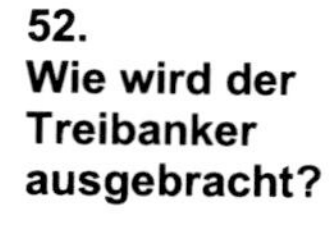

52.
Wie wird der Treibanker ausgebracht?

Das Ausbringen des Treibankers erfolgt gegen die See mittels der Treibankerleine.Der Treibanker wird in das Wasser gefiert bis er unter Wasser ist und zu halten beginnt.

Hubschrauberrettungsschlinge / Krankentrage

53.

Wie wird die Rettungsschlinge vom Hubschrauber herabgelassen?

Die Rettungsschlingen werden offen oder geschlossen herabgelassen.

Rettungsmittel und Handhabung

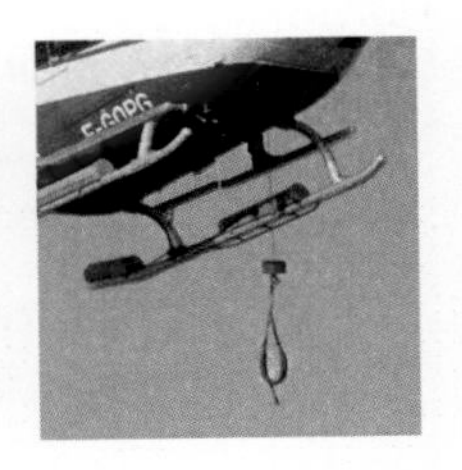

- **Hubschrauber mit Rettungs-schlinge**

54.
Wie wird die zu befördernde Person auf der schwimmfähigen Krankentrage gegen Herausfallen gesichert?

Die zu beförderte Person wird gegen Herausfallen durch Abdeckungen und Gurte gesichert.

- **Abdeckungen und Gurte sichern gegen das Herausfallen beim Transpot**

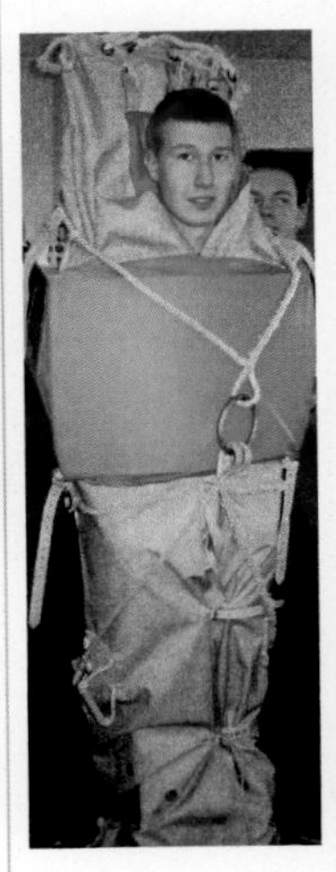

Raketenapparat

55.
Welchen Zweck erfüllt der Raketenapparat?

Abbergen von Personen auf einem gestrandeten Schiff.

56.
Wie erfolgt die Abbergung von Personen vom gestrandeten Schiff mittels des Raketenapparates?

Der Raketenapparat besteht aus folgenden Teilen:

1.Rettungstau
2.Jolltau
3.Hosenboje
4.Mast des gestrandeten Schiffes
5.Steertblock.

- **Schiff auf Grund gelaufen**

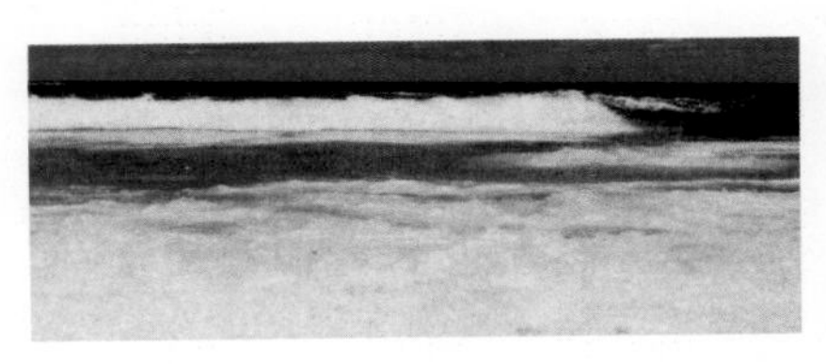

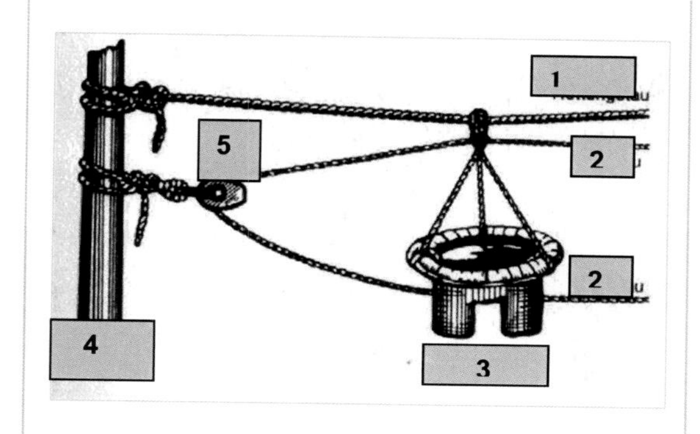

Die Abbergung erfordert die Durchführung folgender Maßnahmen:

- Schießen einer Leine von Land aus zum gestrandeten Schiff
- Einholen der Schießleine bis zum Steertblock mit dem Jolltau duch die Besatzung des Schiffes
- Steertblock am unteren Teil des Mastes befestigen
  (Schießleine losbinden)
- Befestigen des Rettungstaues am Jolltau an Land
- anbordziehen des Rettungstaus mit Hilfe des Jolltaus
- befestigen des Rettungstaus oberhalb des Stertblockes
- Lösen des Jolltaus vom Rettungstau
- Steifholen des Rettungstaus an Land
- An-Bord- ziehen des Jolltaus mit der vorher an Land befestigten Hosenboje
- Einsteigen eines Besatzungsmitgliedes in die Hosenboje
- An-Land- ziehen der Hosenboje mittels Jolltau

Der Vorgang wiederholt sich, bis die letzte Person abgeborgen ist.

57.
Nach welchen Festlegungen erfolgt der Signalaustausch zwischen Schiff und Land?

Allgemein bejahend sind folgende Signale:

- grüner Stern
- Auf- und Niederbewegen
    - der Arme
    - einer Flagge
    - eines weißen Lichtes
    - Flackerfeuer

Rettungsmittel und Handhabung

Allgemein verneinend sind folgende Signale:

- roter Stern
- waagerechte Hin und Herbewegen
    - der Arme
    - einer Flagge
    - eines weißen Lichtes
    - eines Flackerfeuers

Überlebensfahrzeuge

58.
Welche Überlebensfahrzeuge befinden sich an Bord und aus welchen Materialien werden sie hergestellt?

Vorgeschriebene Übungen:

Rettungsboot: alle 3 Monate

Freifallrettungsboot:
alle 6 Monate

Bereitschaftsboot:
alle 3 Monate

Als Überlebensfahrzeuge sind zugelassen:

- Bereitschaftsboote

- offene Rettungsboote
- teilgeschlossene Rettungsboote
- vollständig geschlossene Rrettungsboote

Sie werden aus Holz, Aluminium, Stahl oder aus glasfaserverstärkten Kunststoffen hergestellt.

- Rettungsflöße:
    - durch Überbordwerfen auszusetzende automatisch aufblasbare Rettungsflösse

    - fierbare auszusetzende automatisch aufblasbare Rettungsflöße

- **teilgschlossenes Rettungs-Boot**

- **vollständig geschlossene Rettungsboote**

- **werfbare oder fierbare Rettungsflöße**

- **Freifallboot**

59.
Wie ist die Ausrüstung mit Rettungsflößen auf Schiffen geregelt?

Die Ausrüstung mit Rettungsflößen:
- die Anzahl
- die Bauart und
- das Fassungsvermögen

ist durch Vorschriften geregelt.

- **Rettungsfloß**

60.
Welchen Anforderungen müssen automatisch aufblasbare Rettungsflöße entsprechen?

Zugelassene automatisch aufblasbare Rettungsflöße müssen
- betriebsfähig in einem Lufttemperaturbereich von -30°C bis + 66°C
- widerstandsfähig gegenüber allen Wetterbedingungen auf See
- lagerungsfähig in einem schwimmfähigen Behälter
- werfbar ohne Beschädigung des Floßes und des Behälters
- schwimmfähig bei 50% der aufgeblasenen Abteilungen

sein.

- **Vorrichtung für die Lagerung eines Rettungsfloßes**

- **aussetzbare Rettungsflöße**

Sie müssen eine gute Stabilität nach dem Aufblasen haben, die Tragschläuche müssen in Abteilungen unterteilt sein.

- **geöffnetes Rettungsfloß**

Des Weiteren müssen die Rettungsflöße ausgerüstet sein mit:
- einem wasserdichten aufblasbarer gegen Kälte isolierenden Boden oder Isoliermatten
- einem Dach mit gut sichtbarer Farbe
- einer Innen- und Außenbeleuchtung
- einer Vorrichtung zum Auffangen von Regenwasser
- einer Vorrichtung zur Befestigung eines Radartransponders
- einer Reißfangleine
- einer rundherum angebrachte Sicherheitsleine
- einer CO_2 –Flasche zum Aufblasen des Floßes
- einer Einsteigevorrichtung
- einer Vorrichtung zum Befestigen einer Schleppleine.

Das Rettungsfloß muss sich leicht aufrichten lassen, wenn es sich in umgekehrter Lage aufbläst.

- **geöffnetes Rettungsfloß**

Rettungsmittel und Handhabung

61.
Wie sind Rettungsflöße zu lagern?

Rettungsflöße müssen:

- frei aufschwimmen können
- in Staustellung mit Laschengurten gesichert
- mit einer wirksamen Auslösevorrichtung versehen sein.

Sie sind auf ausklappbaren Lagergestellen, Ablaufbahnen oder gleichwertigen Vorrichtungen gestaut.

- **gelagertes Rettungsfloß**

62.
Aus welchen Teilen besteht der Wasserdruckauslöser?

Der Wasserdruckauslöser besteht aus:

- einer weißen Leine in Form einer Doppelschlaufe
- einem Auslösemechanismus
- einer roten Sollbruchstelle.

63.
Wie funktioniert der Wasserdruckauslöser?

Die weiße Leine wird an Deck oder am Lagergestell mittels Schäkel gesichert und mit einem Sliphaken an der Verlaschung der Rettungsinsel befestigt.

Falls das Schiff untergeht, wird durch den Wasserdruck das scharfe Messer im Auslösemechanismus aktiviert, welches die weiße Leine durchschneidet. Das Floß schwimmt frei auf.

Die Auslösung erfolgt durch die Reißfangleine und zwar dann, wenn das Schiff tiefer sinkt als die Reißfangleine lang ist. Die rote Sollbruchstelle bricht und das aufgeblasene im Wasser schwimmende Boot kann bestiegen werden.

- **Befestigung des Wasserdruckauslösers mittels Schäkel an Deck**

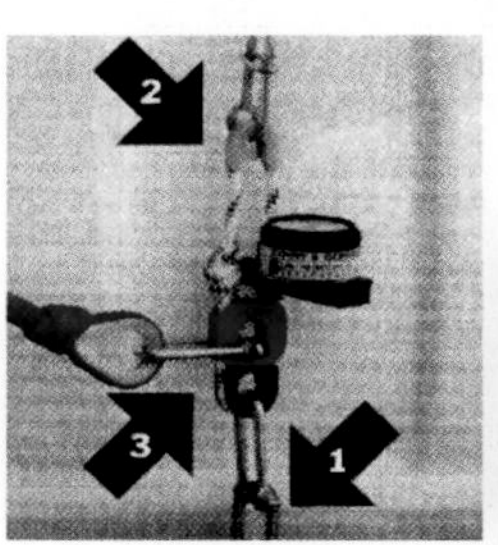

- **Befestigung an der Verlaschung der Rettungsinsel**

Rettungsmittel und Handhabung

64.
Wie erfolgt das manuelle Aussetzen des Rettungsfloßes?

Soll das Rettungsfloß manuell zu Wasser gebracht werden, ist der Sliphaken an der Verlaschung zu lösen. Das Floß kann jetzt außenbords geworfen werden. Durch das Ziehen an der Reißfangleine wird das Floß aufgeblasen.

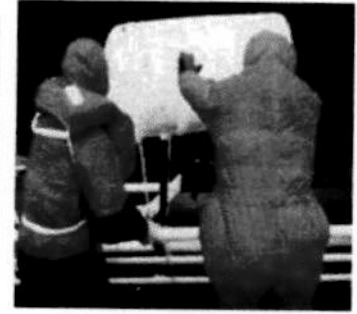

- **Rettungsfloß wird geworfen**

65.
Aus welchen Teilen besteht ein Rettungsfloß?

Die wichtigsten Teile eines Rettungsfloßes sind:
1. die Trageschläuche
2. der Einstieg
3. die Kenterschutzbeutel
4. die Handleine
5. die Schleppleine
6. das Wetterschutzdach
7. der Regensammler
8. die Außenbeleuchtung
9. die Innenbeleuchtung
10. die Reflexionsstreifen
11. die Reißfangleine

- **Außenbeleuchtung**

- **am Floßboden angebrachte Kenterschutzbeutel**

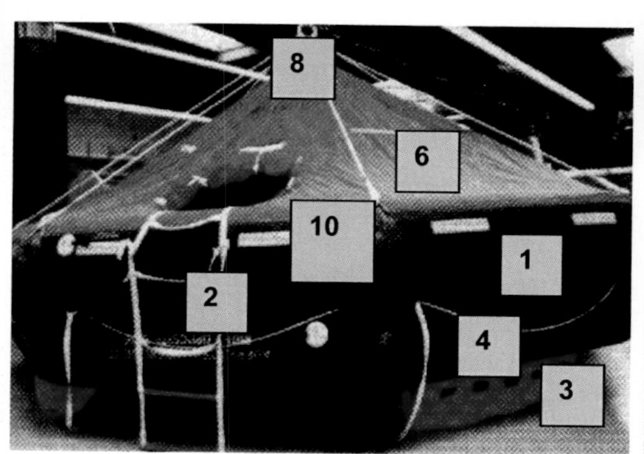

- **Ausschnitt: Trageschläuche mit Kenterschutzbeutel**

66.
Welche Ausrüstungsgegnstände befinden sich im Rettungsfloß?

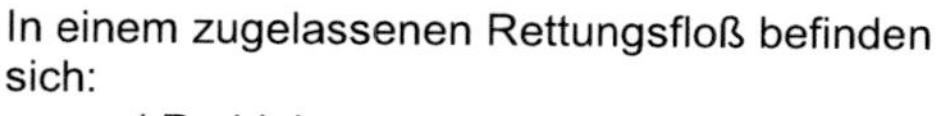

In einem zugelassenen Rettungsfloß befinden sich:
- zwei Paddel
- eine Rettungswurfleine
- ein Kappmesser
- Batterien
- Notanweisungen
- ein Notpack
- ein Schöpfgefäß
- eine Luftpumpe oder ein Blasebalg
- ein Treibanker.

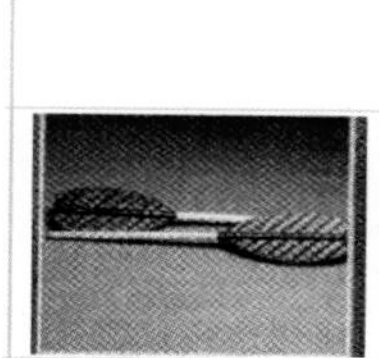

- **Paddel**

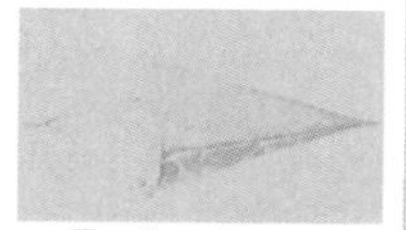

- **Treibanker**

Rettungsmittel und Handhabung

67.
Wie erfolgt das Aussetzen eines werfbaren automatisch aufblasbaren Rettungsfloßes?

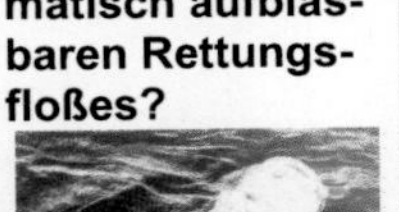

- **Floß wird im Wasser geöffnet**

- **Floß öffnet sich**

- **Einbootung über eine Rutsche**

- **Einbootung über eine Tauleiter**

Das Aussetzen des Rettungsfloßes ist nach folgenden Schritten vorzunehmen:
Es ist die
- Einbootungsleiter außenbords zu hängen
- Reißfangleine auf ihre Befestigung zu kontrollieren
- Floßverlaschung zu lösen
- Reißfangleine einiger Meter herauszuziehen
- vorgesehenen Abwurfstelle auf treibende Gegenstände zu kontrollieren.

Danach ist
- das Rettungsfloß zu werfen und
- der Floßcontainer auspendeln zu lassen.

- **Floß pendelt aus**

Nach dem Auspendeln ist
- die Reißfangleine herauszuziehen und
- die Treibgasflasche durch einen festen Zug zu aktivieren.

- **Floß öffnet sich**

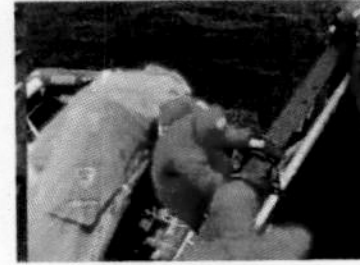

Nach dem sich das Floß geöffnet hat, ist es
- an die Einstiegsleiter heranziehen und
- über die Einstiegleiter zu bemannen.

Danach ist die
- Reißfangleine zu kappen und das Floß mittels Paddel oder Treibanker von der unmittelbaren Nähe des Schiffes zu entfernen.

- **Floß wird geworfen**

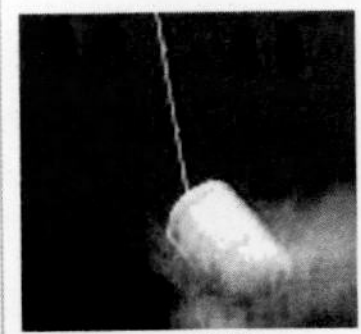

- **Floss fällt**

- **Reißfangleine wird gezogen**

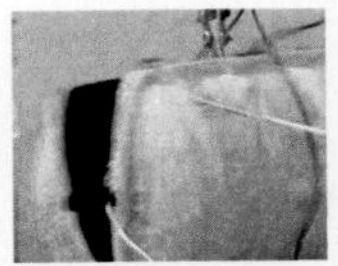

- **Floßcontainer öffnet sich**

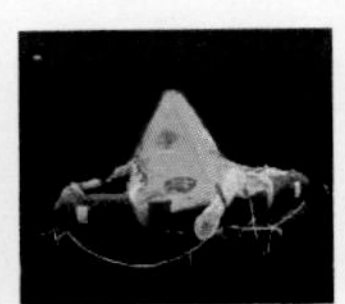

- **Floß öffnet Sich**

- **Floß geöffnet**

Rettungsmittel und Handhabung

68.
Wie erfolgt das Aussetzen eines fierbaren automatisch aufblasbaren Rettungsfloßes?

- **Floß wird gefiert**

- **Floß bemannt**

Das Aussetzen des Rettungsfloßes ist nach folgenden Schritten vorzunehmen:
Es ist ist
- der Container mit dem Floß bereitzulegen
- der Fierschäkel aus dem Container zu ziehen
- der Sliphaken einzuhängen
- die Beiholeine und die Containerfangleine aus den Stirnseiten des Containers herausziehen und festmachen
- die Containerreißfangleine herausziehen
- der Floßcontainer zu hieven und außenbords zu schwenken
- die Treibgasflasche mit Hilfe der Containerreißfangleine zu aktivieren(Floß öffnet sich)
- das Rettungsfloß mit beiden Beihollеinen festzumachen
- das Rettungsfloß zu bemannen

Nach dem Bemannen ist
- die Beiholleine zu lösen
- die Fernbedienung für den Fiervorgang zu betätigen
- das Floß bis zur Wasserlinie zu fieren
- die Slipleine zu ziehen

Bei Seeberührung bzw. Entlastung des Sliphakens gibt dieser das Rettungsfloß frei. Es ist die Reißfangleine zu kappen.Das Rettungsfloß ist vom Schiff durch Werfen des Treibankers bzw. paddeln zu entfernen

- **Vorbereitung des Aussetzens**

- **Rettungsfloß wird ausgesetzt**

- **Floß wird geöffnet**

69.
Wie ist ein Rettungsfloß aufzurichten?

Das Aufrichten ist wie folgt vorzunehmen:
- das Floß ist soweit zu drehen bis der Wind unter das Floß kommt
- danach muss eine Person auf den Boden des Floßes klettern

- **selbstaufrichtendes Rettungsfloß**

- es ist der Aufrichtgurt auf dem Floßboden zu fassen
- die Füße sind auf die CO_2 Flasche zu setzen
- der Körper ist kräftig zurückzulehnen.

- **Floß wird aufgerichtet**

- **Floß richtet sich auf**

- **Floß wird aufgerichtet**

- **Rettungsfloß (Sicherheitskennzeichnung nach SOLAS**

Sobald sich das Floß aufgerichtet hat, muss sich die Person schnell vom wendenden Floß entfernen. Sollte das Floß auf die Person gefallen sein, muss diese sich mit der Brust gegen die Meeresoberfläche wenden und frei schwimmen.

70.
Aus welchen Bauteilen setzt sich der Aussetzkran für Rettungsflöße zusammen?

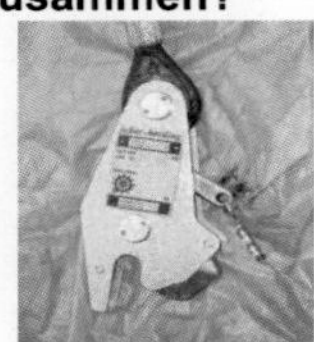

- **Auslösehaken**

Der Aussetzkran besteht aus folgenden Bauteilen:

- Kranfundament
- Kransäule
- Floßwinde
- Schwenkwerk
- Kranarm
- Floßläufer
- Beiholer und
- Auslösehaken

- **Mit Davit aussetzbares Rettungsfloß (Sicherheitskennzeichnung nach SOLAS)**

71.
Welche Sofortmaßnahmen sind nach dem Bemannen des Floßes zu treffen?

Folgende Sofortmaßnahmen sind umzusetzen:

- kappen der Reissfangleine
- entfernen vom Schiff durch Benutzung der Paddel und des Treibankers
- Überlebende retten
- Treibanker auswerfen
- bei schlechten Wetter die Eingänge verschließen
- die Notausrüstung öffnen
- die Überlebensanweisung lesen.

Rettungsmittel und Handhabung

Frage	Antwort	Stichpunkte
72. Wie können im Wasser treibende Personen gerettet werden?	Den im Wasser treibenden Personen ist der Rettungwurfring mit Leine zuzuwerfen. Nachdem der Rettungswurfring erfasst wurde, ist die Person an und in das Floß zuziehen.	• **Rettungswurfring mit Leine zuwerfen**
73. Wie kann man sich im Floß vom sinkenden Schiff entfernen?	Durch die Benutzung der Paddel und des Treibankers kann man sich vom sinkenden Schiff entfernen. Der Treibanker ist mit seiner Leine in die gewünschte Richtung zu werfen und anschließend wieder einzuholen. Durch das Ziehen des Treib.-ankers wird die Fortbewegung des Floßes erreicht. Dies muss solange geschehen bis ein sicherer Abstand erreicht ist.	• **Paddel** • **Treibanker**
74. Wann sind die Signalmittel einzusetzen?	Die Signalmittel (Handfackel, Fallschirmnotsignal, Rauchsignal) sind nur dann einzusetzen, wenn eine Aussicht auf Rettung (vom Floß aus gesichtete Rettungsfahrzeuge u.a.) besteht.	• **Signalmittel mit Umsicht verwenden**
75. Wann und wie ist der Floßboden aufzublasen?	Der Floßboden ist bei Kälte mit Hilfe des Blasebalgs aufzublasen. Das Auffüllen mit Luft erfolgt über das Bodenventil.	• **vorher die Schutzkappe vom Bodenventil abschrauben**
76. Wie ist die Reparatur von Undichtigkeiten vorerst vorzunehmen?	Das Material zur Reparatur (Leckstopper, Klebestreifen, Flicken u.a.) befindet sich im Notpack. Undichtigkeiten können mit Leckstoppern vorerst abgedichtet werden.	 • **einbringen eines Leckstoppers**
77. Was ist generell bei der Reparatur an aufblasbaren Rettungsflößen zu beachten?	Es ist wie folgt zu verfahren: Die Schadstelle ist • freizulegen • gut abzutrocknen • zu reinigen • mit Glaspapier aufzurauhen • mit Klebelösung zu bestreichen • trocknen zu lassen • noch einmal zubestreichen und • trocknen zu lassen.	

Danach ist der Flicken
- aus zuwählen
- der Folienschutz auf der Klebeseite zu entfernen
- auf die Schadstelle durch Abrollen aufzubringen
- fest anzudrücken und anzureiben.

Nach einigen Minuten kann Luft auf den Trageschlauch bzw. Dachbogen gepumpt werden.

78.
Trageschläuche und Dachbogen können nach einer längeren Zeit weich werden. Wie erfolgt das Nachfüllen?

Die Nachfüllventile sind im Floß innen angeordnet. An jedem Trageschlauch und Dachbogen befinden sich Nachfüllventile. Es ist der Blasebalgschlauch anzuschließen und solange aufzublasen, bis die Trageschläuche und der Dachbogen hart geworden sind. Nach dem Auffüllen sind die Deckel anzuziehen.

- **Nachfüllventile befinden sich innerhalb**

79.
Was ist beim Schleppen eines Floßes zu beachten?

Die Schleppleine muss an dem Hahnpot befestigt werden. Die Befestigung der Schleppleine an der Rettungsleine des Floßes ist auszuschließen.

- **Schleppleine am Hahnpot befestigen**

80.
Welche Regeln sind bei der Hubschrauberrettung zu beachten?

Bei der Hubschrauberrettung sind folgende Regeln zu beachten:
Der Floßführer übernimmt
- die Organisation der Rettung
- legt die Reihenfolge der zu rettenden Personen fest
- hält Kontakt zur Hubschrauberbesatzung
- überprüft das Anlegen der Hubschrauberrettungsschlinge.

In Vorbereitung und Durchführung der Rettung ist
- der Radartransponder einzuschalten
- die Seenotmeldung über das UKW – Hand-Sprechfunkgerät abzusetzen
- die Handfackeln zu zünden (keine Fallschirmleuchtraketen) sobald sich der Hubschrauber nähert
- die Position des Floßes durch Leuchten anzuzeigen
- die Rauchsignale und optische Signalmittel am Tag einzusetzen
- die Luft aus dem Dachbogen abzulassen und das Dach in das Floß zu legen,(um eine Segelwirkung durch das Dach auszuschließen)
- die Stabilität des Floßes zu gewährleisten.

- **Hubschrauber fliegt Unglücksstelle an**

- **Hubschrauber rettet eine Person**

Rettungsmittel und Handhabung

81.
Durch welche Bedingungen wird der Einsatz von Hubschrau-bern erschwert?

Schlechte Sichtverhältnisse, Nebel, Schneesturm, starker Regen, Vereisungsgefahr schränken den Einsatzmöglichkeit von Hubschraubern ein.

82.
Wieviel Trink-wasser befindet sich für jede Person im Floß?

Pro Person ist ein halber Liter pro Tag, insgesamt 1,5 Liter, vorhanden. Das Trinkwasser befindet sich in nichtrostenden Behältern mit Schöpfbe-chern oder in kleineren Packeinheiten wie Dosen oder Plastikbeuteln. Die Ausgabe erfolgt in Trink-bechern mit Maßeinteilung.

- **0,5 Liter pro Tag**

83.
Welche Regeln gelten für die Ausgabe von Trinkwasser?

Folgende Regeln sind bei der Ausgabe von Trink-wasser zu beachten:

- keine Ausgabe von Trinkwasser während der ersten 24 Stunden (Außnahme Verletzte, Kinder)
- die Tagesration 0,5 Liter aufgeteilt in drei Portionen ist einzuhalten
- die Wasserration ist in kleinen Schlucken und langsam zu trinken
- vor der Einnahme sind Lippen, die Mundhöhle und der Rachen anzufeuchten
- die Tagesration ist bei Wasserknappheit zu strecken (letzte Tagesration auf fünf Tage)
- es ist Regenwasser aufzufangen
- niemals Meerwasser, auch nicht verdünnt trinken.
- kein Alkohol trinken.

- **Trinkwasser-behälter**

- **Kein Meerwasser trinken**
- **Kein Alkohol trinken**

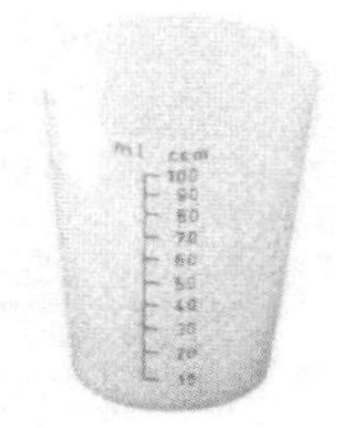

- **Trinkbecher mit Mass-einteilung**

84.
Welche Regeln gibt es zur Aus-gabe von Pro-viant?

Konzentrierte Feststoffnahrungsriegel sind als Trockenproviant vorhanden. Es ist ein Riegel pro Person in Abständen von 5 Stunden auszugeben. Nicht erlaubt sind salzhaltige oder süße Nah-rungsmittel. Sie fördern den Durst, die Salze be-schleunigen die Entwässerung des Körpers.

- **keine süßen und salzhaltigen Nahrungsmit-tel essen**

85.
Warum sollte vor dem Verlassen des Schiffes ein Mittel gegen die Seekrankheit eingenommen werden?

Die Seekrankheit mindert die physische Wider-standskraft und verursacht den Verlust von Kör-perflüssigkeit.

Rettungsmittel und Handhabung

86.
Welche Grundeinstellung ermöglicht ein Überleben im Seenotfall?

Grundvoraussetzungen für das Überleben im Seenotfall sind:

- Ruhe bewahren
- Übersicht behalten und
- überlegt handeln.

offene Rettunsboote

87.
Aus welchen Teilen besteht ein offenes Rettungsboot?

Ein offenes Rettungsboot besteht aus folgenden Teilen:

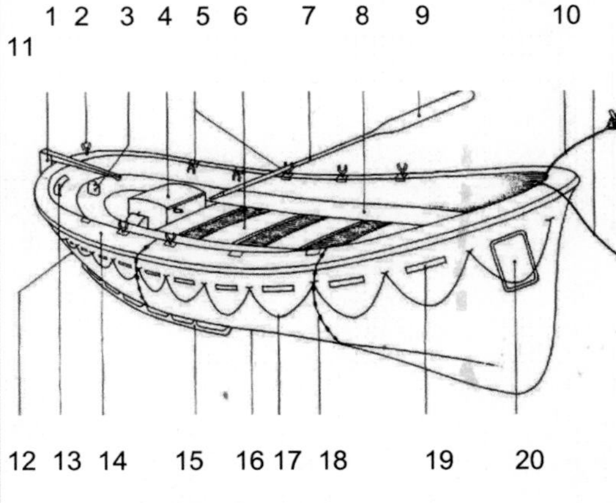

1. Ruderblatt mit Pinne
2. Gabel für Steuerriemen
3. Heißhaken
4. Motor mit Getriebe
5. Klappdollen
6. Querducht
7. Riemen
8. Längsducht
9. Riemenblatt
10. Fangleine auf Slip
11. Fangleine fest
12. Schraube mit Welle
13. SBG – Schild
14. Dollbord
15. Greifleiste
16. Wasserablassloch mit Leckschraube
17. Sicherheitsleine
18. Greifleine
19. Reflexstreifen
20. Bootsaußenbeschriftung

Rettungsmittel und Handhabung

• offenes Rettungsboot

• offenes Rettungsboot

88.
Welche Aussetzvorrichtungen kommen an Bord zum Einsatz und welche Bedingungen müssen sie erfüllen?

Für das Aussetzen von offenen, aber auch halbgeschlossenen und geschlossenen Rettungsbooten kommen Schwerkraftdavits zum Einsatz. Nach der Art der Bewegung der Davitarme unterscheidet man

- Drehpunktdavit und
- Rollbahndavit.

Die Gewichtskraft ist die aussetzende Kraft. Die Anzahl, Bauart, Abmessungen und Aufstellung an Bord ist vorgeschrieben. Rettungsboote müssen bei

- einem Trimm bis zu 10°
- einer Schlagseite bis zu 20 °

aussetzbar sein.

• geschlossene Rettungsboote

89.
Aus welchen Bauteilen besteht ein Drehpunktdavit?

Ein Drehpunktdavit besteht aus:

1. der Auflage
2. der Bootswinde
3. dem Davitstuhl
4. dem Drehpunkt
5. dem Bootsläufer
6. dem Davitarm.

90.
Aus welchen Bauteilen besteht ein Rollbahndavit?

Ein Rollbahndavit besteht aus:

1. dem Windengehäuse
2. dem Windenbremshebel
3. dem Steuerhebel
4. der Bootsauflage
5. dem Davitarm
6. dem Davithorn und
7. der Rollbahn
8. der Windentrommel.

• Schwerkraftdavit

Rettungsmittel und Handhabung

91.
Welche Vorbereitungsarbeiten sind für das Aussetzen eines offenen Rettungsbootes mit Hilfe eines Rollbahndavits zu treffen?

Es sind die
- Manntaue zu lösen
- Fangleinen auszubringen
- Leckschrauben einzusetzen
- Feststander zu kontrollieren
- Beiholer anbringen.

Des Weiteren ist die
- Ruderpinne einsetzen
- Lasching zu lösen
- Davitsicherung zu lösen
- Reling umzulegen bzw. zu entfernen
- Einbootungsleiter ausbringen.

- **Der Bootsführer meldet dem Einsatzleiter den Vollzug der Vorbereitungsarbeiten**

92.
Was ist beim Aussetzen eines offenen Rettungsbootes mit Hilfe eines Rollbahndavits zu beachten?

Es sind die
- Beiholertaljen zu befestigen
- Feststander zu lösen

Danach kann die Bootsbesatzung einsteigen.
Es sind
- Die Beiholertaljen einzufieren und zu lösen.

Es ist
- das Boot zu fieren bis es sich im Wasser befindet.
- der Heißhaken zu lösen und zu entfernen
- die Fangleine zu lösen.

Das Boot kann mit Hilfe des Motors bzw. der Riemen unter zu Hilfenahme des Bootshakens vom Schiff ablegen..

- **Der Bootsführer meldet dem Einsatzleiter Vollzug.**

93.
Aus welchen Einzelteilen besteht der Feststander und die Beiholtalje?

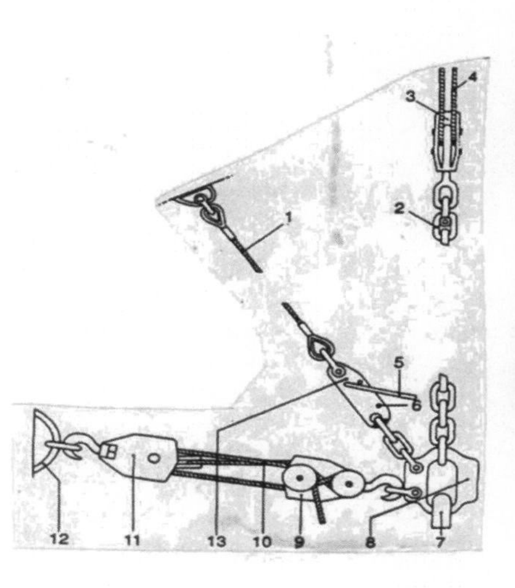

- **Bootstalje und Beiholertalje**

- **Wartung der Spannschraube**

1 Feststander
2 Kettenvorlauf
3 Bootstaljenblock
4 Bootsläufer
5 Auslösehebel für Sliphaken
6 Sicherung für Auslösehebel
7 Bootsheisshaken
8 Heißplatte
9 Block mit Pollern zum Belegen und Fieren des Läufers
10 Läufer der Beiholtalje
11 Block zum Einhaken am Schiff
12 Festpunkt am Schiff unter Last
13 auslösbarer Sliphaken für den Festsstander

- **Wartungsarbeiten**

Kommandos

94.
Welche Tätigkeiten sind nach folgenden Kommandos auszuführen?

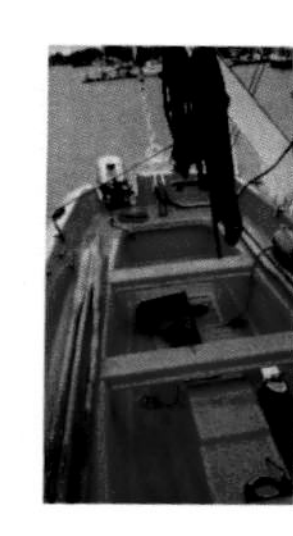

Kommando:
Klar bei Riemen!

Die Bug- und Schlagleute nehmen die Riemen aus der Bootsmitte holend
- senkrecht hoch.

Alle anderen legen den Riemen von den Seitenduchten holend
- im Winkel von ca.30°
- Richtung voraus
- fächerförmig

auf das Dollbord.

- **Klar bei Riemen!**

Rettungsmittel und Handhabung

Riemen bei!

Alle Riemen werden zugleich in die Klappdollen gelegt. Die Riemen sind
- parallel zur Wasseroberfläche
- im 90° Winkel zur Bordwand
- das Ruderblatt waagerecht

auszurichten.

- **Riemen bei!**

Die Ruderer sitzen auf der Ducht, Schulter an Schulter.

Rudert an überall!

Der Bootsführer oder der Schlagmann (befindet sich achtern links) gibt das Tempo vor. Es wird von allen gleichmäßig umgesetzt. Alle rudern in Fahrtrichtung voraus. Die Ruderblätter werden nach dem Austauchen durch Drehung im Handgelenk wieder in die Ausgangsstellung gebracht.

- **Fahrtrichtung: voraus**

Steuerbord Rudert an!

Backbord Rudert an!

Es wird nur auf einer Seite gerudert. Die andere Seite verbleibt in der Ausgangsstellung.

- **Drehung über Steuerbord**
- **Drehung über Backbord**

Halt Waser!

Die Riemen werden mit dem ganzen Ruderblatt ins Wasser geführt. Die Fahrt wird somit aufgestoppt

Rettungsmittel und Handhabung

- **Halt Wasser**

Auf Riemen!

Die Tätigkeit mit den Riemen wird beendet. Die Riemen werden in die Ausgangsstellung gebracht. Zwischen zwei Kommandos erfolgt immer das Kommando: „Auf Riemen“.

- **Auf Riemen!**

Kreuzt Riemen!

Die eigenen Rudergriffe werden auf das Dollbord des Nebenmann geschoben.
Das nächste Kommando ist Riemen bei.

- **Kreuzt Riemen**

Streicht an überall!

Riemenblätter werden von achtern nach vorn geführt (entgegengesetzt wie Ruder an überall).

- **Fahrt Rückwärts**

Streicht Steuerbord!

- **Bug dreht über Steuerbord**

Streicht Backbord!

Die Streichbewegung erfolgt nur auf einer Seite. Die andere Seite hat die Riemen in der Ausgangsstellung

- **Bug dreht über Backbord**

Rettungsmittel und Handhabung

Streicht Steuerbord, Backbord rudert an!

Es wird auf der Steuerbordseite in Fahrtrichtung zurück, auf der Backbordseite in Fahrtrichtung voraus gerudert.

- **Auf der Stelle über Steuerbord Bug drehen**

Streicht Backbord, Steuerbord rudert an!

Es wird auf der Backbordseite in Fahrtrichtung zurück, auf der Steuerbordseite in Fahrtrichtung voraus gerudert.

- **Auf der Stelle über Backbord Bug drehen**

Lasst laufen!

Die Riemen werden aus den Dollen geworfen und mit der äußeren Hand außenbords gehalten (Kommando findet Anwendung beim Passieren von Hindernissen).

- **Lasst laufen!**

Riemen hoch!

Riemen werden hoch gewippt und zwischen den Beinen auf den Boden des Bootes aufgestellt. Das Blatt zeigt Längsschiff und wird nach dem achtersten Riemen ausgerichtet.

Lasst fallen!

Beendigung des Kommandos „ Riemen hoch“. Die Riemen werden etwas gelüftet und gleichmäßig in die Rundseln fallengelassen.

95.
Wozu dienen Bereitschaftsboote?

Bereitschaftsboote dienen

- der schnellen Rettung von Menschen, die im Wasser treiben.

Des Weiteren

- dem Sammeln
- auf -Position- halten und
- schleppen

von Rettungsflößen.

96.
Welchen Anforderungen müssen Bereitschaftsboote erfüllen?

Die Bereitschaftsboote müssen zugelassen sein und

- eine Mindestänge von 3,8 m
- eine Maximallänge von 8,5 m

haben.
Sie müssen mindestens

- 5 Personen sitzend und
- eine Person liegend

aufnehmen.
Die Boote müssen

- einen ausreichenden Sprung oder
- eine Bugüberdachung

aufweisen.
Sie können in

- starrer
- aufgeblasener

Bauart hergestellt sein.
Eine Kombination beider Bauarten ist zulässig.
Sie müssen mit einem

- Einbaumotor oder
- Außenbordsmotor

ausgerüstet sein.
Das Bereitschaftsboot muss zu jedem Zeitpunkt einsatzbereit sein.

- **aufblasbares Bereitschaftsboot**

- **Bereitschaftsboot wird vorbereitet zum Einsatz**

- **Bereitschaftsboot auf einem Polizeiboot**

Bereitschaftsboot auf einem Marienefahrzeug

- **Bereitschaftsboot in der Bootshalterung abgesetzt und gezurrt**

- **Bereitschaftsboot (Sicherheitskennzeichnung nach SOLAS und IMO)**

Rettungsmittel und Handhabung

97.
Welche Voraussetzungen sind für das Aussetzen des Bereitschaftsbootes zu treffen?

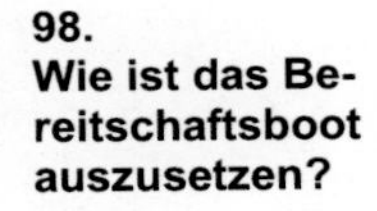

Folgende Vorbereitungen zum Aussetzen sind zu treffen:
- Lose im Bootsläufer durchholen
- Schutzbezug entfernen
- Hindernisse beseitigen
- Zurrung lösen
- Einbootung

- Davit ausschwenken.

- **Aussetzen wird vorbereitet**

- **Klar zum Fieren**

98.
Wie ist das Bereitschaftsboot auszusetzen?

Das Bereitschaftsboot ist wie folgt auszusetzen:

- **Bereitschaftsboot in Fahrt**

- Fernbedienung für den Fiervorgang betätigen
- das Boot bis zur Wasserlinie fieren
- Fangleinen stramm halten
- während des Fierens nicht aus dem Boot hinauslehnen oder die Arme nach außen halten
- sitzen bleiben und gut festhalten
- den Haken bei Wasserkontakt auslösen
- Motor gemäß Motorbedienungsanleitung starten
- Fangleinen lösen
- vom Schiff wegfahren.

- **Bereitschaftsboot wird gefiert**

- **Bereitschaftsboot entfernt sich vom Schiff**

Rettungsmittel und Handhabung

99.
Wie wird die Fernbedienung des schnellen Bereitschafts-bootes beim Aussetzvorgang aktiviert?

Für den Aussetzvorgang aus dem Boot heraus sind zwei Fernbedienungssysteme vorgesehen. Ein System ermöglicht das Schwenken, das andere System das Fieren des Bereitschaftsbootes. Der gelbe Bediengriff dient zum Schwenken, der rote Bediengriff zum Fieren des Bootes.

- **gelber und roter Bediengriff**

100.
Wie kann der Schwenk- und Fiervorgang durchgeführt werden?

Das schnelle Bereitschaftsboot kann vom Boot oder vom Davit aus geschwenkt und gefiert werden.

- Schwenken mit der Fernbedienung:
  Ziehen am gelben Griff, es erfogt der Schwenkvorgang bis zur Senkposition. Der Schwenkvorgang stoppt sobald die Betätigung unterbrochen wird.
- Schwenken vom Davit aus:
  Den Hebel am Davit betätigen, das Stoppen ist in jeder Position möglich.
- Fieren mit der Fernbedienung:
  Ziehen am roten Griff, es erfogt der Fiervorgang bis das Boot im Wasser aufschwimmt. Der Fiervorgang stoppt, sobald die Betätigung unterbrochen wird.
- Fieren vom Boot aus:
  Den Hebel am Davit betätigen, das Stoppen ist durch Loslassen des Bedienhebels möglich.

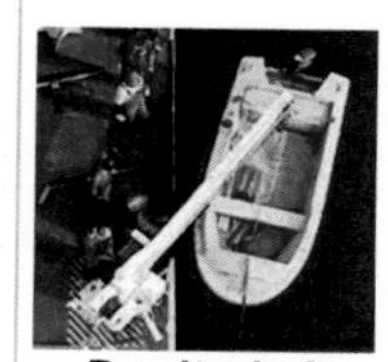

- **Bereitschafts-boote wird geschwenkt**

101.
Wie funktioniert die Winde?

Der Aussetzvorgang wird nur durch die Schwerkraft betrieben. Für das Einholen des Bootes ist die Winde mit einem Elektromotor ausgerüstet. Zusätzlich kann das Boot über eine Handkurbel, die auf eine Vierkantverlängerung an die Hievachse gesteckt wird, hochgekurbelt werden.

102.
Wie erfolgt das Einholen des Bereitschafts-bootes?

Es ist

- das Bereitschaftsboot unter den Davit zu fahren
- die Fangleine aufzunehmen und zu befestigen
- der Davitläufer in das Boot zu fieren
- der Heißhaken einzuhängen
- der Motor abzustellen
- das Boot in Deckshöhe zu hieven
- das Boot zu verlassen, in Stauposition zu hieven und zu zurren.

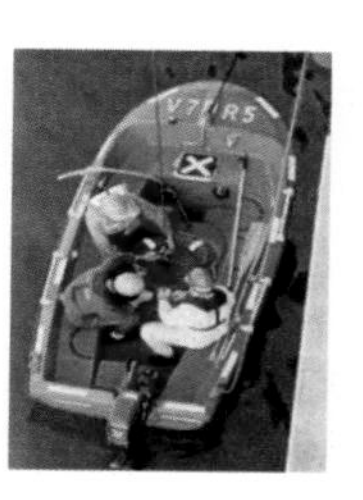

Rettungsmittel und Handhabung

Geschlossene Rettungsboote

103.
Aus welchen Hauptteilen bestehen geschlossene Rettungsboote?

Geschlossene Rettungsboote bestehen aus
- der Außenschale
- der Innenschale und
- dem Dach.

- **geschlossenes Rettungsboot**

104.
Welches sind die Teile der Außenschale?

Die Außenschale besteht aus
- der Aussenhaut mit dem Kiel
- den Steven
- der Scheuerleiste
- den Gleitkufen und
- den Dollbords.

- **Gleitkufen**

105.
Was befindet sich in der Innenschale?

In der Innenschale befinden sich
- die Sitze
- die Stauräume
- die Hohlräume für den Reserveauftrieb und
- der Fußboden mit den Lenzöffnungen.

- **geschlossenes Rettungsboot von achtern**

106.
Wie können geschlossene Rettungsboote ausgesetzt werden?

Geschlossene Rettungsboote werden als
- Freifallboot oder mittels
- Schwerkraftdavit

ausgesetzt.

- **Freifallboot**

Freifallboot

107.
Aus welchen Einzelteilen besteht ein Freifallboot?

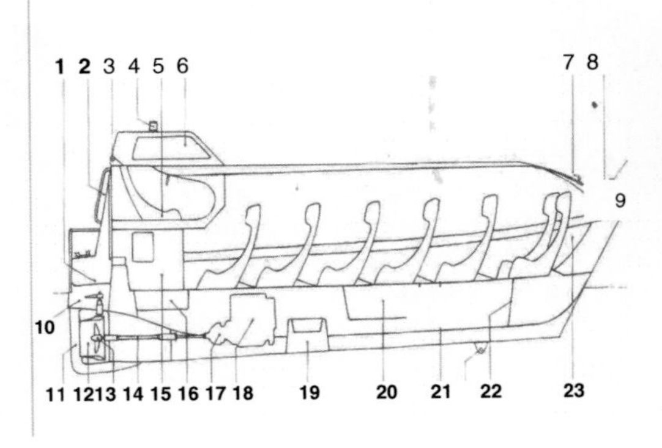

- **Freifallboot und Bereitschaftsboot**

Rettungsmittel und Handhabung

1. Bergungsplattform
2. Tür
3. Heißbeschlag
4. Weißes Rundumlicht
5. Bootsfühersitz
6. Fahrstand
7. Vordere Luke
8. Heißbeschlag
9. Schlepppoller
10. Entriegelung
11. Propellerschutz
12. Steuerdüse
13. Propeller
14. Propellerwelle
15. Stauraum für Ausrüstung
16. Kraftstofftank
17. Kupplung und Getriebe
18. Motor
19. Batterie
20. Staukasten für Trinkwasser
21. Wasserdichter Innenboden
22. Querschott
23. Stauraum für Rettungswesten

- **Tür**

- **vordere Luke**

- **vorderer Heißbeschlag**

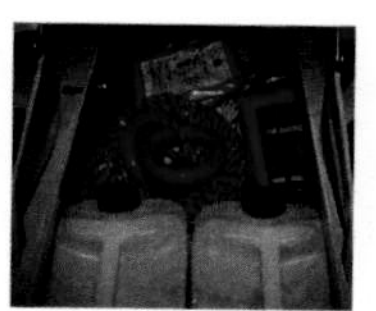

- **Stauraum für Ausrüstung**

- **Propeller**

108. Aus welchem Material sind die geschlossenen Rettungsboote hergestellt?

Geschlossene Rettungsboote sind aus glasfaser - verstärktem Kunststoff hergestellt.

Rettungsmittel und Handhabung

109.
Welche zusätzliche Ausrüstung haben Rettungsboote für Tanker?

Rettungsboote für Tanker sind zusätzlich mit einer Berieselungsanlage und unabhängigen Luftversorgung ausgerüstet.

- **Berieselungsanlage in Funktion**

110.
Das Freifallboot soll ausgesetzt werden. Welche Vorbereitungsarbeiten sind zu treffen?

Nach dem Alarm begeben sich alle Personen mit ihren Rettungswesten und den ganzen Körper bedeckender warmer Kleidung zum Freifallboot.

Es ist
- die Zurrung zu lösen
- .die Tür zu öffnen
- das Kabel von der Batterieladesteckdose zu lösen (entfällt bei Solargenerator)

- **Besatzung begibt sich zum Freifallboot**

- **Zurrung lösen**

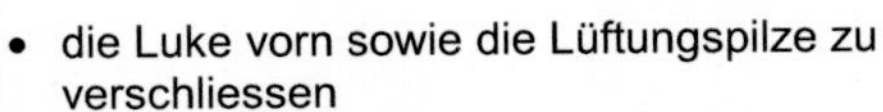

- die Luke vorn sowie die Lüftungspilze zu verschliessen
- der zugewiesene Platz einzunehmen
- der Gurt anzulegen und der richtige Sitz des Sicherheitsgurtes zu überprüfen
- der Kopf in die Nackenstütze zu legen

- **Tür öffnen**

- **Besatzung beim Anlegen der Sicherheitsgurte**

- die Tür zu schließen
- die Ruderanlage mittschiffs einzustellen.

Rettungsmittel und Handhabung

111.
Welche Gefahr droht dem Rettungsboot durch ein sinkendes Schiff?

Es besteht Gefahr durch
- Kentern des Schiffes
- Explosionen an Bord
- Übergehen der Decksladung
- treibende Teile.

- austretenden Brennstoff
- brennendes Öl
- Berührung mit dem sinkenden Schiff.

- **Explosion**

- **Boot im brennenden Öl**

- **Schiffsuntergang**

112.
Wie erfolgt die Inbetriebnahme des Freifallbootes?

Die Luken und Lüfter sind zu schließen.
Es sind
- die Sicherheitsgurte anzulegen, es dürfen keine Rettungswesten angelegt werden.

Es ist
- der Kopf fest an die Nackenstütze zu drücken bis das Boot im Wasser ist
- der Motor entsprechend der Hinweistafel im Steuerstand zu starten
- der Aufprallbereich im Wasser auf treibende Gegenstände zu überprüfen
- das Handrad zu schließen und die Hydraulikpumpe zu betätigen.

Nach 20 Hüben löst die Sperre aus, das Boot läuft ab.

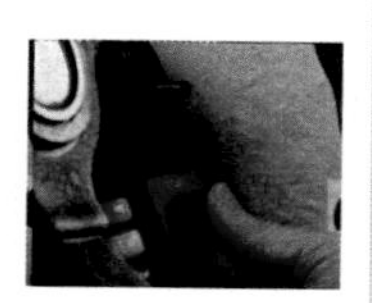

- Motor wird gestartet

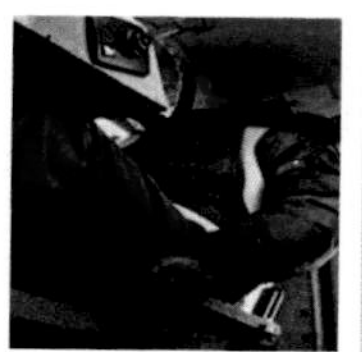

- Ablauf wird vorbereitet

- **Bootsführer**

- **Besatzung beim Anlegen der Sicherheitsgurte**

- **Kopf wird in die Nackenstütze gedrückt**

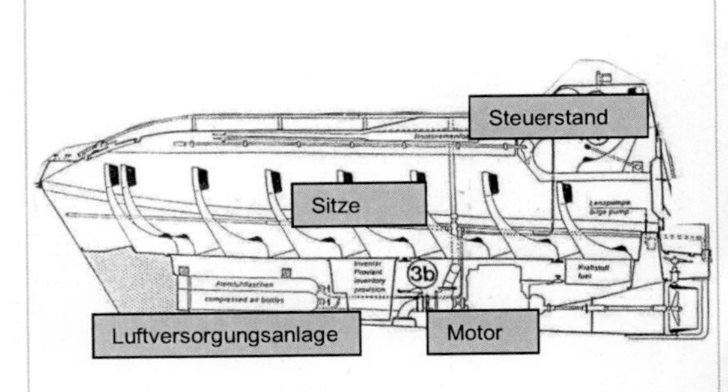

• **Boot im Wasser**

• **Rettungsboot entfernt sich vom Schiff**

Bei Rettungsbooten für Tanker ist

- das Hauptventil der Luftversorgungsanlage zu öffnen und
- die Berieselungsanlage einzuschalten.

113.
Was ist beim Wiederanbord-nehmen des Freifallbootes zu beachten?

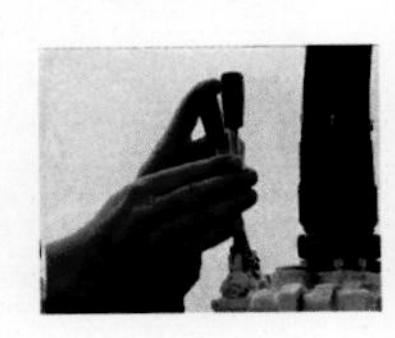

Es ist
- der Bootshahnepot von der Bergeplattform in den Kranhaken einzupicken
- der bewegliche Zurrhaken am Ablaufquerver-band vor dem Wiedereinsetzen offen zu stellen
- das Freifallboot in die Halterung zu hieven
- die Zurrungen anzulegen
- die Batterieerhaltungsladung anzuschalten.

Es sind die Lüfter nach dem Wiedereinsetzen zu öffnen.

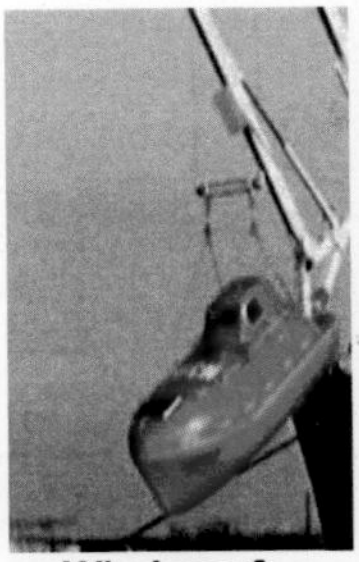

• **Wiederauf-nahme des Freifallbootes**

• **Freifallboot in der Halterung**

Rettungsmittel und Handhabung

114.
Wie kann das Boot gesteuert werden, wenn die Radsteuerung ausfällt?

Bei Ausfall der Radsteuerung kann das Boot mit der Notruderpinne gesteuert werden. Die Pinne befindet sich neben den Sitzen unterhalb des Bootsführersitzes. Es ist Klappe unterhalb der Einstiegstür zu öffnen und die Notruderpinne aufzusetzen.

Aussetzen mit Schwerkraftdavit

115.
Wie erfolgt das Aussetzen eines geschlossenen Rettungsbootes mit Hilfe einer Schwerkraftdavitanlage?

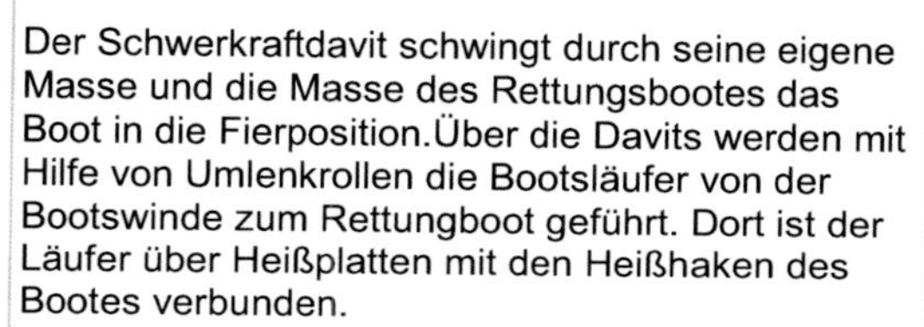

Der Schwerkraftdavit schwingt durch seine eigene Masse und die Masse des Rettungsbootes das Boot in die Fierposition.Über die Davits werden mit Hilfe von Umlenkrollen die Bootsläufer von der Bootswinde zum Rettungboot geführt. Dort ist der Läufer über Heißplatten mit den Heißhaken des Bootes verbunden.

- Schwerkraftdavitanlage

- geschlossene Rettungsboote in ihren Halterungen

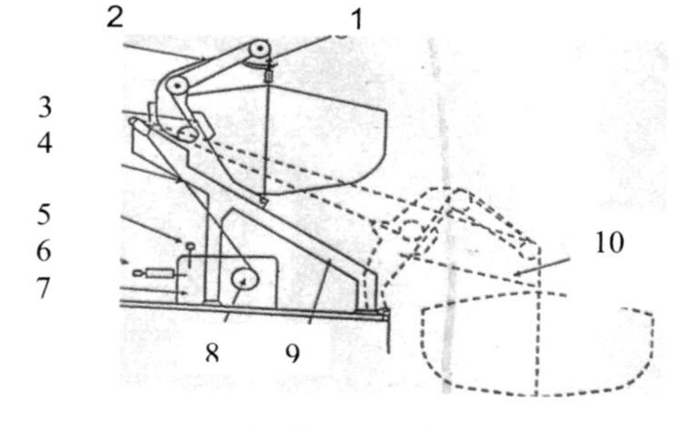

Rollbahndavit

1. Davithorn
2. Davitarm
3. Auflageplatte
4. Bootsläufer
5. Steuerhebel des Windenantriebs
6. Windenbremse
7. Winde
8. Windentrommel
9. Rollbahn
10. Feststander

- Windentrommel

- Rettungsboot wird gefiert

- David

Danach sind folgende Tätigkeiten auszuführen:
Es ist

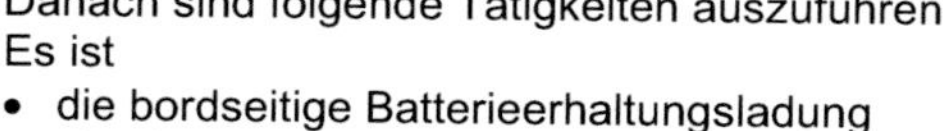

- die bordseitige Batterieerhaltungsladung abzukoppeln (entfällt bei Solargenerator).
- das Boot ist zu bemannen
- der Sicherheitsgurt anzulegen

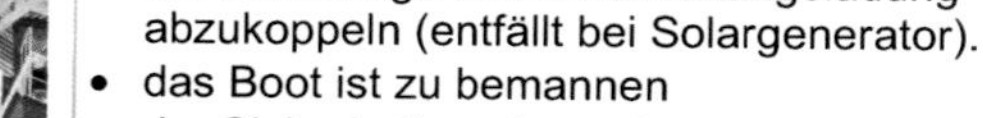

- der Motor entsprechend der Startanweisung anzulassen

- Besatzung legt Sicherheitsgurte an

Rettungsmittel und Handhabung

- **Boot wird gefiert**

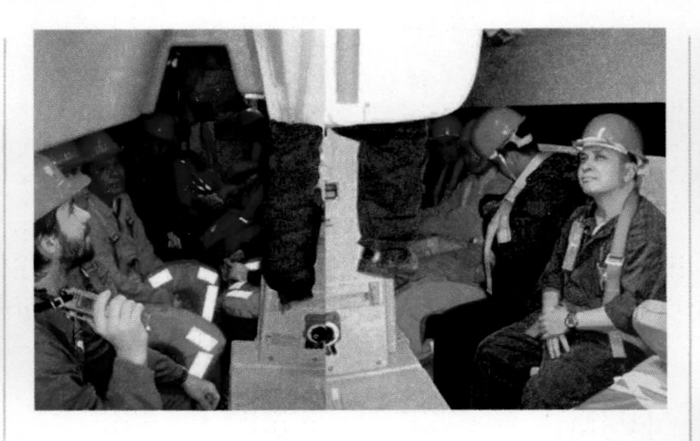

- **Bootsbesatzung klar zum Fieren**

- der Fierdraht zu ziehen und das Boot zu Wasser zu fieren.

- **Fierdraht wird gezogen**

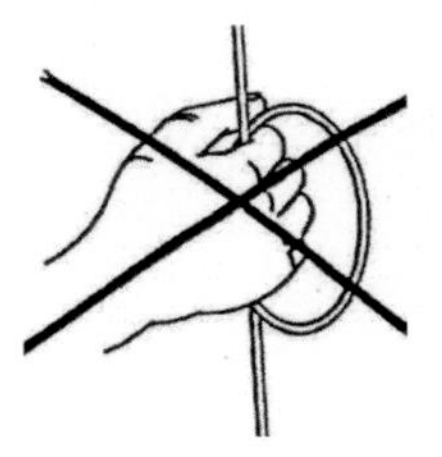

Fierdraht falsch gezogen

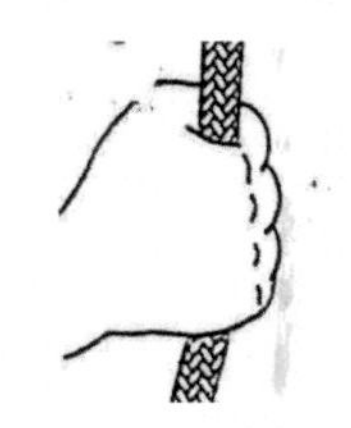

Fierdraht richtig gezogen

- **Rettungsboot wird gefiert**

- **Heißhaken sind gelöst**

Beim Auftreffen des Bootes auf der Wasseroberfläche sind
- die Heißhaken und

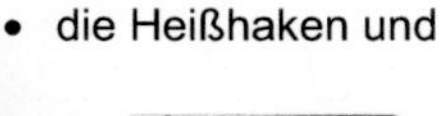

- **Boot vor dem Aufsetzen**

- **Heißhaken**

- die Fangleinen

zu lösen.

Das Ruder ist hart zu legen, das Rettungsboot entfernt sich vom sinkenden Schiff.

Bei Rettungsbooten für Tanker ist
- das Hauptventvetil der Luftversorgungsanlage zu öffnen

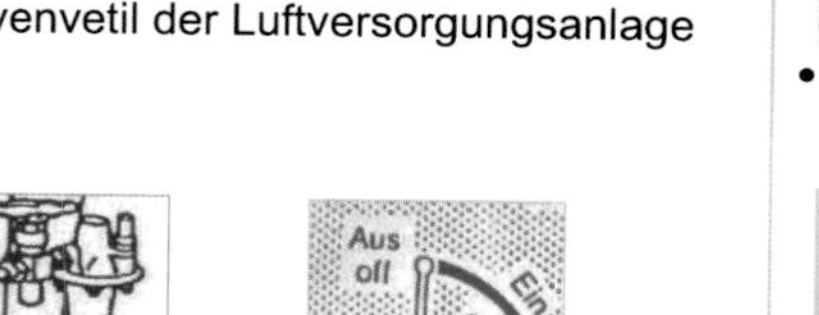

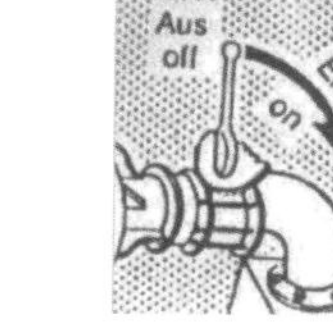

- die Berieselungsanlage einzuschalten.

- **Rettungsboot im Wasser**
- **Rettungsboot entfernt sich vom Schiff**

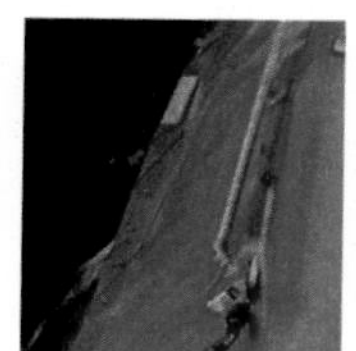

- **Beriese-lungsanlage in Funktion**

116.
Was hat jedes Besatzungsmitglied beim Verlassen des Schiffes zu beachten?

Folgende Hinweise sind beim Verlassen des Schiffes zu beachten:
Es ist
- das Schiff nur auf Befehl des Kapitäns zu verlassen

- **Besatzung legt die Rettungswesten an**

- **Sammelstation (Sicherheitskennzeichnung nach SOLAS und IMO)**

- **Besatzung verlässt das Schiff**

Rettungsmittel und Handhabung

- nach den Festlegungen in der Sicherheitsrolle zu handeln
- die Rettungsweste anzulegen (nicht bei Freifallboot)
- Ruhe und Umsicht zu bewahren
- zusätzlich wärmende Kleidung anzuziehen
- vor dem Verlassen des Schiffes reichlich warme Flüssigkeit zu sich zu nehmen
- nach Möglichkeit nicht in das Wasser zu springen
- es ist die Einsteigleiter zu benutzen.

Nur in besonderen Situationen springen:
Es sind die Beine beim Sprung anzuziehen, die Rettungsweste ist mit beiden Händen festzuhalten, um ein Hochschlagen zu verhindern.

Im Wasser schwimmende Besatzungsmitglieder können ihre Chancen für die Rettung erhöhen, indem sie

- sich aneinander festbinden und zusammen-bleiben

- die Signalpfeifen benutzen
- unnötiges Schwimmen vermeiden
- Ölfelder meiden
- das Rettungsmittel von Lee anschwimmen
- bei Flößen den Lee-Eingang besteigen
- die Rettungsboote von vorn oder achter besteigen.

- Schiffsuntergang

- **Rettungs-boot (Sicher-heits-kennzeich-nung nach SOLAS und IMO)**

- **Einboo-tungs-Leiter (Sicher-heits-kennzeich-nung nach SOLAS und IMO)**

- **restliche Besatzung verlässt das Schiff**

- **Anschwim-men des Floßes**

Rettungsmittel und Handhabung

Mann über Bord

117.
Warum ist für das erfolgreiche Aufnehmen einer außenbords gefallenen Person schnelles und umsichtiges Handeln erforderlich?

Folgende Faktoren erfordern schnelles und umsichtiges Handeln:

- der Verunglückte trägt zum Zeitpunkt des Unglücks in der Regel keine Rettungsweste
- Luft- und Wassertemperaturen führen zur Unterkühlung und können den Tod schon nach relativ kurzer Zeit herbeiführen
- Seegang und Wind mindern das Leistungsverhalten des Verunglückten
- Nebel, Regen und Schneefall vermindern die Sicht
- Minderdurchblutung und Wärmeverlust führen zur Einbuße an Beweglichkeit

Überlebensaussichten:

- **0°C Wassertemperatur etwa 20 Minuten**

- **10°C Wassertemperatur etwa 5 Stunden**

118.
Was ist zu tun, wenn man einen Außenbordsgefallenen bemerkt?

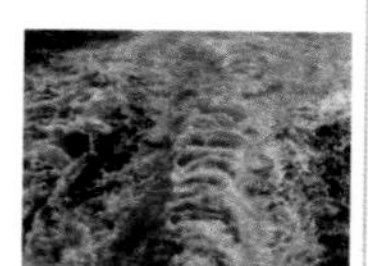

- **Schraubenstrom**

Es ist

- unverzüglich ein Rettungsring zu werfen
- der Wachhabende auf der Brücke über den Vorfall zu informieren.

- **Entnahme des Rettungsringes aus der Halterung**

Rettungsring:

- **Schwimmhilfe**
- **markiert die Unfallstelle**
- **verdeutlicht dem Verunglückten das Hilfe kommt**

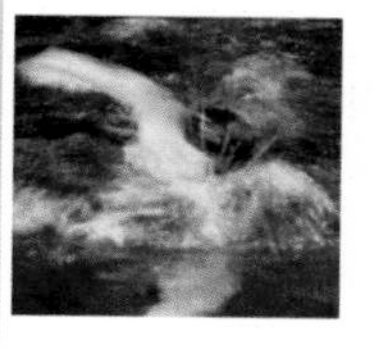

- **außenbords gefallen**

119.
Was muss die Meldung an den Wachoffizier beinhalten?

Die Meldung muss enthalten:

- den Ruf „Mann über Bord“ und
- die Seitenangabe

z.B.

- **Mann über Bord - an Steuerbord**

Rettungsmittel und Handhabung

120.
Welche Maßnahmen sind durch den Wachoffizier einzuleiten?

- **Wachoffizier**

Der Wachoffizier ist verantwortlich,dass folgende Maßnahmen eingeleitet werden:

- Auslösen des Rettungsringes mit dem kombinierten Licht-Rauchsignal an der betreffenden Seite
- Auslösen des Generalalarms
- Einleiten des Mann über Bord - Manövers
- Gewährleistung des Ausguck zum Verunglückten
- Setzen der Flagge OSCAR
- Information des Schiffsverkehrs über Kanal 16 UKW
- Klarmachen des Bereitschaftsbootes
- Anlegen von Rettungswesten durch die Besatzung des Bereitschaftsbootes
- Herstellen der Funkverbindung über UKW zur Brücke
- Einsatz des Bereitschaftsbootes, nach dem das Schiff die Position des Verunglückten erreicht hat
- Vorbereitung von Maßnahmen für die Übernahme des Verunfallten

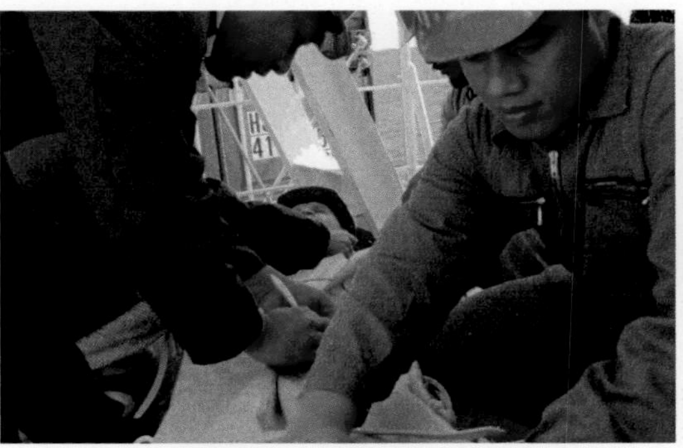

- **Gewährleistung der 1.Hilfe**

- Vorbereitung von Maßnahmen der 1.Hilfe
    - Krankentrage
    - Decken
    - warme Getränke
- Aufnahme des Verunglückten durch das Bereitschaftsboot
- Gewährleistung der 1. Hilfe.

- **Rettungsring mit selbstzündendem Licht und selbsttätig arbeitenden Rauchsignal**

Sicherheitskennzeichnung (nach SOLAS und IMO)

- **Rettungsring mit Licht-Rauchsignal**

- **Aufnahme des Rettungsringes**

Rettungsmittel und Handhabung

121.
Welche Manöver können durch den Wachoffizier eingeleitet werden?

Unter Berücksichtigung der aktuellen Situation haben sich folgende Manöver bewährt:

- 270° Manöver
- Williamsen - Turn
- Scharnow – Turn.

122.
Was beinhaltet das 270° Turn Manöver?

Es wird ein Drehkreis von 270°gefahren.

- Ruder liegt hart über (nach der Seite des Verunglückten)
- Kursänderung um 250°

danach

- Ruder mittschiffs
- Einleitung des Stoppmanövers.

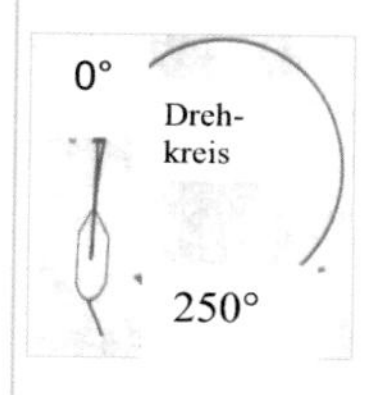

- **270 ° - Turn**

123.
Welche Maßnahmen beinhaltet der Willliamson – Turn?

Folgende Maßnahmen sind umzusetzen:

- Ruder liegt hart über(nach der Seite des Verunglückten)
- Kursänderung um 60°

Danach

- Ruder hart über zur entgegengesetzten Seite legen
- 20° vor dem Gegenkurs Ruder mittschiffs
- Gegenkurs steuern
- Verunglückter voraus, Einleitung des Stoppmanövers.

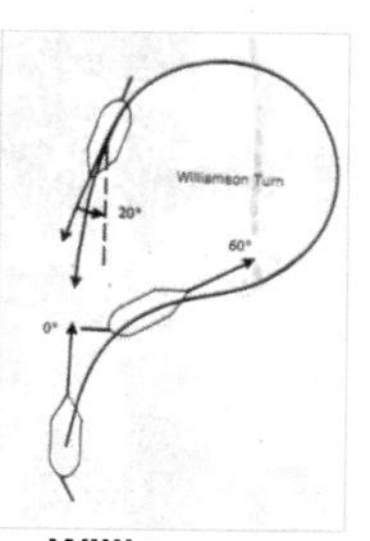

- **Williamson – Turn**

124.
Welche Maßnahmen beinhaltet der Scharnow - Turn?

Der Scharnow – Turn findet Anwendung, wenn die Person vermisst ist .
Folgende Maßnahmen sind umzusetzen:

- Ruder hart über

Nach Kursänderung um 240°

- Ruder hart über zur entgegengesetzten Seite

20° vor dem Gegenkurs

- Ruder mittschiffs
- Schiff auf Gegenkurs einsteuern.

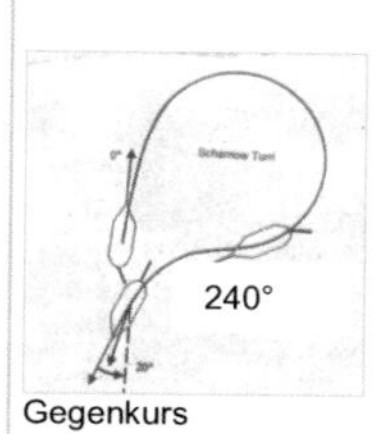

- **Scharnow – Turn**

Rettungsmittel und Handhabung

125.
Welche Vorbereitungen sind für das Aussetzen des Bereitschaftsbootes zu treffen?

Die Vorbereitungsarbeiten beinhalten:

- das Straffholen des Bootsläufers mit Hilfe der Kurbel
- die Entlastung der Zurrung durch Drehen der Spannschlösser
- das Öffnen des Sliphakens der Zurrung
- das Entfernen der Zurrung
- die Kotrolle der Bootsdrainage auf Verschluss
- die Kontrolle der Verbindung Bootshaken / Bootsaufhängung
- die Kontrolle des Ladungszustandes der Batterie, der Füllung mit Kraft- und Schmierstoffen.

- **Vorbereitungen für das Aussetzen sind abgeschlossen**

126.
Was ist beim Aussetzen des Bereitschaftsbootes zu beachten?

Nach dem Einbooten ist

- der Kugelhahn der Hydraulikeinheit des Schwenkbereiches zu öffnen
- der Schwenkvorgang, durch Betätigung des 4/3 – Wegeventils, auszuführen.

Dies kann vom

- Boot oder
- Kran

aus erfolgen.
Danach erfolgt der Fiervorgang vom

- Boot oder
- Kran.

Der Fiervorgang kann jederzeit unterbrochen werden.
Es ist der Motor des Rettungsbootes zu starten.
Im Wasser ist

- der Heisshaken
- die Fangleine

zu lösen.

- **Boot wird gefiert**

- **Boot entfernt sich vom Schiff**

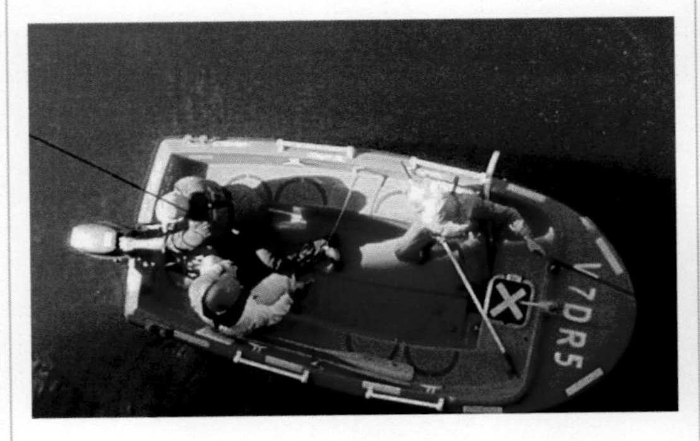

- **Boot im Wasser; Verbindung wird gelöst**

- **Aufnahme des Verunglückten**

Rettungsmittel und Handhabung

Das Boot muss rasch vom Schiff freikommen. Es ist mit mäßiger Geschwindigkeit zu fahren, die Wellenkämme sind schräg mit geringer Fahrt anlaufen.

127.
Welche Umweltbedingungen können die Rettungsaktion behindern?

Die Rettungsvorgang kann durch
- verminderte Sichtverhältnisse
- schweren Seegang
- Schneetreiben
- Regen

behindert werden.

128.
Durch welche Zusatzgeräte kann die Suche unterstützt werden?

Die Suche des Verunglückten und die gezielte Aufnahme kann durch einen:
- Radarreflektor
- Radartransponder sowie
- Sprechverbindung Bereitschaftsboot - Schiff

weiter unterstützt werden.

- **Radarreflektor**

129.
Was ist bei der Behandlung von Unterkühlten zu beachten?

Der Unterkühlte muss unter Berücksichtigung folgender Gesichtspunkte behandelt werden:
Der Verunglückte ist
- vorsichtig und möglichst waagerecht aus dem Wasser zu bergen
- zu tragen, da er nicht in der Lage ist sich aktiv an der Bergung zu beteiligen
- vor weiterer Auskühlung zu bewahren.

130.
Welche Ausrüstung gibt es für die Erstversorgung des Verunglückten?

Das Bereitschaftsboot ist mit einem
- Erste - Hilfe – Kasten und
- zwei Wärmeschutzhilfsmittel

ausgerüstet.

- **Erste Hilfe Kasten**

131.
Mit welchen Geräten kann man die Verbindung zum Verunglückten herstellen?

Die Verbindung zum Verunglückten kann hergestellt werden mit Hilfe:
- der schwimmfähigen Wurfleine mit Wurfring
- dem Bootshaken sowie
- den Paddel oder Riemen.

- **schwimmfähige Wurfleine**

Sicherheitsrolle und Anweisungen für den Notfall

132.
Welche Einzelheiten enthält die Sicherheitsrolle und wann ist sie aufzustellen?

Die Sicherheitsrolle ist auf dem von der See-Berufsgenossenschaft zugelassenen Formblatt vor Antritt der Reise aufzustellen und an allgemein zugänglichen Stellen über das ganze Schiff verteilt deutlich sichtbar auszuhängen, mindestens jedoch auf der Kommandobrücke, im Maschinenraum und in den Unterkunftsräumen der Besatzung. Fahrgäste werden nicht in der Sicherheitsrolle geführt. Mitreisende Familienangehörige und nicht im Rahmen des Schiffsbetriebs beschäftigte Mitarbeiter von Fremdfirmen gelten als Fahrgäste, auch wenn sie angemustert sind.
Die Sicherheitsrolle enthält neben allgemeinen Maßnahmen folgende Einzelheiten:

- zu treffende Maßnahmen der Besatzung und Fahrgästen beim Ertönen des Generalalarms
- Anordnungen zum Verlassen des Schiffes
- Aufgaben der einzelnen Besatzungsmitglieder
- Aufgaben der Offiziere
- Vertreter für wichtige Funktionen
- Aufgaben gegenüber Fahrgästen.

133.
Welche Aufgaben haben die Besatzungsmit-glieder im Notfall gegenüber den Fahrgästen zu erfüllen?

Im Notfall sind folgende Aufgaben zu erfüllen:
Es ist

- die Benachrichtigung der Fahrgäste vorzunehmen
- für die zweckentsprechende Bekleidung und das Anlegen der Rettungswesten zu sorgen
- die Ordnung in den Gängen und auf den Treppen aufrechtzuerhalten
- die Weiterleitung der Fahrgäste zu überwachen
- für eine genügende Anzahl von Wolldecken zu sorgen, die in die Überlebensfahrzeuge mitzunehmen sind.

Generalalarm

134.
Was ist nach dem Ertönen des Generalalarms zu tun?

Der Generalalarm besteht aus einer Folge von sieben kurzen und einem langen Ton, die mit dem Signalgeberautomaten gegeben werden.
Zur Unterrichtung über die Anweisungen wird die Rufanlage benutzt. Übungen werden vorher angekündigt und mit dem Generalalarm eingeleitet.
Nach dem Ertönen des Generalalarms

- begeben sich alle an Bord befindlichen Personen so schnell wie möglich auf dem nächsten Wege zu ihrem Sammelplatz,
- legt jede Person feste und den

- **Der Generalalarm besteht aus einer Folge von:** sieben kurzen und einem langen Ton

ganzen Körper bedeckende Kleidung, festes Schuhwerk sowie, wenn verfügbar, Schutzhelm an und nimmt warme Kopfbedeckung mit
- bleiben die den Fahrgästen zugeteilten Besatzungsmitglieder so lange bei den Unterkunftsräumen
    - bis diese verlassen und die Fahrgäste auf dem Weg zu ihrem Sammelplatz sind
    - begleiten die Fahrgäste dorthin und
    - überwachen das Anlegen der Rettungswesten.

Signal zum Verlassen des Schiffes

135.
Was ist nach dem Ertönen des Signals zum Verlassen des Schiffes zu tun?

Das Signal zum Verlassen des Schiffes fordert bei unmittelbarer Gefahr alle an Bord befindlichen Personen auf, sich sofort zu den Rettungsmitteln zu begeben.
Das Signal zum Verlassen des Schiffes besteht
- aus einer Folge von einem kurzen und einem langen Ton
- die mit dem Signalgeberautomaten fortlaufend gegeben werden.

Nach dem Ertönen des Signals zum Verlassen des Schiffes
- begeben sich alle an Bord befindlichen Personen direkt zu den Überlebensfahrzeugen
- legt jede Person, wenn dieses ohne Umweg oder Zeitverluste möglich ist, feste und den ganzen Körper bedeckende Kleidung, festes Schuhwerk sowie, wenn verfügbar, Schutzhelm an und nimmt warme Kopfbedeckung mit
- bleiben die den Fahrgästen zugeteilten Besatzungsmitglieder so lange bei den Unterkunftsräumen
    - bis diese verlassen und die Fahrgäste auf dem Weg zu den Überlebensfahrzeugen sind
    - begleiten die Fahrgäste dorthin und
    - überwachen das Anlegen der Rettungswesten.

- **Das Signal zum Verlassen des Schiffes besteht aus einer Folge von:** **einem kurzen und einem langen Ton**

- **akustische und optische Anzeige des Alarms**

Verhalten im Seenotfall

Gefahren für den Schiffsbrüchigen

1.

Welche Gefahren drohen dem Schiffsbrüchigen im Seenotfall?

Im Seenotfall drohen dem Schiffsbrüchigen in Abhängigkeit der jeweiligen Situation, des Seegebietes, der Jahreszeit, der jeweiligen Wetterbedingungen nachstehenden Gefahren:

- Unterkühlung
- Ertrinken
- Durst
- Erschöpfung
- Hunger
- Schädigung durch Sonnenlicht
- Erfrierung
- Schädigung durch Mineralöl
- Seekrankheit
- Gesundheitsschädigungen unterschiedlicher Art.

- **brennendes Öl**

- **Untergang eines Schiffes**

Alarm

2.

Aus welchen Tönen besteht das Signal zum Verlassen des Schiffes?

Das Signal zum Verlassen des Schiffes besteht aus einer Folge von einem kurzen und einem langen Ton, der mit dem Signalgeberautomaten bzw. mit der Hand gegeben und fortlaufend wiederholt wird.

- **Signal : . —**

3.

Welche Aufgabe hat jede Person nach dem Ertönen des Signals zum Verlassen des Schiffes zu erfüllen?

Nach dem Ertönen des Signals zum Verlassen des Schiffes hat jede Person:

- sich zum Überlebensfahrzeug zu begeben
- feste und den ganzen Körper bedeckende Kleidung, festes Schuhwerk, Kopfbedeckung, wenn verfügbar Schutzhelm anzulegen bzw. mitzunehmen (wenn dies ohne Umweg oder Zeitverlust möglich ist)
- sich mit einer Rettungsweste auszurüsten.

- **auf dem Weg zum Überlebensfahrzeug**

4.

Welche Aufgaben haben Besatzungsmitglieder zu erfüllen, die den Fahrgästen zugeteilt sind?

Die den Fahrgästen zugeteilten Besatzungsmitglieder bleiben so lange bei den Unterkünften, bis diese verlassen und die Fahrgäste auf dem Weg zu den Überlebensfahrzeugen sind. Sie begleiten die Fahrgäste zu den Überlebensfahrzeugen und überwachen das Anlegen der Rettungswesten.

Verhalten im Seenotfall

• **Sammelstation (Sicherheits-kennzeich-nung nach SOLAS und IMO)**

5.

Wo befindet sich der zentrale Sammelplatz?

Der zentrale Sammelplatz befindet sich in der Nähe der Überlebensfahrzeuge und muss über mehrere Zugänge unbehindert erreichbar sein. Der zentrale Sammelplatz (sowie weitere Sammelplätze) sind in der Sicherheitsrolle bekannt gemacht.

• **zentraler Sammelplatz**

Regeln zum Verlassen des Schiffes

6.

Welche Regeln sind vor dem Verlassen des Schiffes zu beachten?

Das Schiff ist erst nach dem Befehl des Kapitäns zu verlassen.
Vor dem Verlassen des Schiffes ist:

- jederzeit Ruhe zu bewahren
- überlegt zu handeln

• **Schiff wird verlassen**

• **Boot ist klar zum bemannen**

• **Vorbereitung für das Verlassen des Schiffes**

• **Besatzung verlässt das Schiff**

• **Kontrolle auf Vollzähligkeit**

- wärmende Kleidung anzuziehen
- kein scharfkantiges Schuhzeug in Flößen anzuziehen
- der Überlebensanzug oder die Rettungsweste

Verhalten im Seenotfall

Floß wird besetzt

anzulegen
- nicht zu rauchen (erhöhte Brandgefahr durch Brennstoffgase)
- die Tätigkeiten nach der Schiffssicherheitsrolle auszuführen
- die Einnahme von Mitteln gegen die Seekrankheit vorzunehmen
- das Rettungsboot / Floß diszipliniert zu besetzen.

Rettungsboot ist besetzt

7.

Welche Ausrüstung darf zusätzlich in das Überlebensfahrzeug genommen werden?

Die Ausrüstung kann ergänzt werden durch
- Proviant
- Trinkwasser
- Decken
- Tauwerk
- Seenotsignale
- Medikamente und Verbandsmaterial.

8.

Wie ist das Schiff zu verlassen, wenn die Rettungsboote/ Flöße nicht mehr bemannt werden können?

Sobald die Bemannung der Rettungsboote/ Rettungsflösse nicht mehr wie vorgesehen erfolgen kann, sind folgende Verhaltensregeln zu beachten:
- nicht in das Wasser springen,es sind die Einsteigleitern oder außenbords hängenden Taue zu benutzen (Hand über Hand in das Wasser gleiten)
- in das Wasser mit angezogenen Knien im Schlusssprung springen; die Rettungsweste ist dabei mit beiden Händen festzuhalten, das Hochschlagen der Rettungsweste ist zu verhindern
- im Wasser so schnell wie möglich vom Schiff wegschwimmen
- im Wasser zusammen bleiben

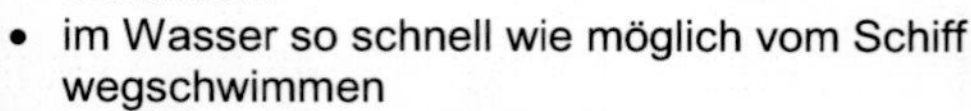

- **vom Schiff wegschwimmen**

- aneinander festbinden
- nachts und bei schlechten Sichtverhältnissen die Signalpfeife benutzen
- mit den Kräften haushalten,unnötiges Schwimmen vermeiden
- an treibenden Gegenständen festhalten
- Bekleidungsstücke nicht ausziehen

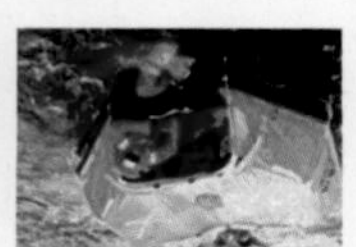

- **Bemannung im Wasser**

Verhalten im Seenotfall

- **aneinander festbinden**

- Ölfelder meiden, so schnell wie möglich das Ölfeld verlassen
- Rettungsmittel von lee anschwimmen
- Rettungsboote von vorn oder achtern besteigen
- sich gegenseitig unterstützen.

- **Aufnahme der Schiffsbrüchigen**

Verhalten im Boot und Floss

9.

Welche Verhaltensregeln sind im Rettungsboot oder Rettungsfloß zu beachten?

Durch das Verhalten der Besatzung im Floß bzw. im Boot kann die schnelle Rettung entscheidend unterstützt werden. Es sind folgende Verhaltensregeln zu beachten:

- alle Insassen haben sich dem Bootsführer unterzuordnen
- das Floß bzw. Boot sollte in der Nähe der Untergangsstelle bleiben
- bei starker Drift ist der Treibanker einzusetzen
- die Seenotsignale sind nur auf Anordnung des Boots- bzw. Floßführers einzusetzen
- die Trink- und Nahrungsmittelvorräte sind einzuteilen
- die Menge und der Zeitpunkt ist durch den Bootsführer zu bestimmen
- es ist kein Seewasser zu trinken
- das Regenwasser ist aufzufangen und für die Trinkwasserversorgung zu nutzen
- der Nahrungsmittelvorrat ist durch Angeln von Fischen zu ergänzen
- das Trinken von Alkohol ist grundsätzlich zu unterlassen
- die Einsatzbereitschaft der Boots- bzw. Floßinsassen ist durch psychologische Maßnahmen aufrechtzuerhalten
- der Ausguck ist stündlich zu wechseln
- körperliche Anstrengungen sind auf ein Mindestmaß zu beschränken
- die Sauberkeit des Bootes bzw. Floßes und die persönliche Sauberkeit ist durch die Insassen zu gewährleisten
- durchnässte Kleidung ist auszuziehen, auszuwringen, wenn möglich zu trocknen
- es sind Wärmeschutzmittel anzuwenden
- der Boden des Floßes ist mittels Schwamm zu trocknen
- auf Flößen ist der Doppelboden aufzupumpen und der Einstieg zu verschließen

- **Ausguck Floß**

- **Ausguck Boot**

- **Bootsführer**

- **Bootsführer im Kontakt mit den Rettern**

- **Einsatz von pyrotechnischen Signalmitteln**

- **Wärmeschutzschutzmittel**

Verhalten im Seenotfall

- in Zeitabständen ist das Boot bzw. Floß zu lüften
- das Rauchen im Boot bzw. Floß ist zu unterlassen
- Erfrierungen sind durch Warm- und Trockenhalten des Körpers, bewegen der Glieder und der Gesichtsmuskulatur zu verringern
- Schutzbezüge, Kleidungsstücke und Kopfbedeckung sind gegen Sonnenbrand zu nutzen bei Überwärmungszuständen ist die Körpertemperatur durch Auflegen von angefeuchtete Tücher u.a. zu senken
- Verletzten ist die Erste Hilfe zu leisten.

- **auf Flößen ist der Doppelboden aufzupumpen**

Verhalten bei der Annäherung von Rettungsfahrzeugen und Hubschraubern

10.

Welche Verhaltensregeln sind duch die Boots- bzw. Floßbesatzung bei der Annäherung von Schiffen bzw. Hubschraubern zu beachten?

Bei Annäherung von Schiffen bzw. Hubschraubern sind folgende Verhaltensregeln zu beachten:
Es ist
- es ist weiter Ruhe zu bewahren
- der Radartransponder einzuschalten
- Aufmerksamkeit zu erregen (Einsatz von pyrotechnischen bzw. optischen Signalmitteln)
- eine Seenotmeldung über das UKW-Handsprechfunkgerät abzusetzen
- Trinkwasser und Nahrungsmittel bis zur Rettung weiter zu rationieren
- das Boot bzw. Floß bei Annäherung von Rettungsfahrzeugen nicht zu verlassen werden
- bei Annäherung eines Hubschraubers ist die Windrichtung durch Rauchsignale oder Tuchstreifen anzuzeigen

- **Hubschrauber nähert sich dem Floß**

- **Rettung in Sicht**

- **Bootsführer**

Aufnahme der Schiffsbrüchigen

11.

Durch wen erfolgt die Bergung der Schiffsbrüchigen?

Die Bergung der Schiffsbrüchigen erfolgt in Abhängigkeit der Gegebenheiten durch
- Rettungsboote
- Hubschrauber
- Rettungsfahrzeuge und
- Rettungspersonal von Land aus.

- **Rettung durch Hubschrauber**

Rettungsfahrzeug

Verhalten im Seenotfall

12.

Welche Rettungsgeräte werden durch Hubschrauber eingesetzt?

Die Hilfeleistung erfolgt durch:
- Rettungsschlingen
- Rettungskörbe
- Rettungstragen
- Rettungsnetze.

- **Aufwinschen des Schiffsbrüchigen**

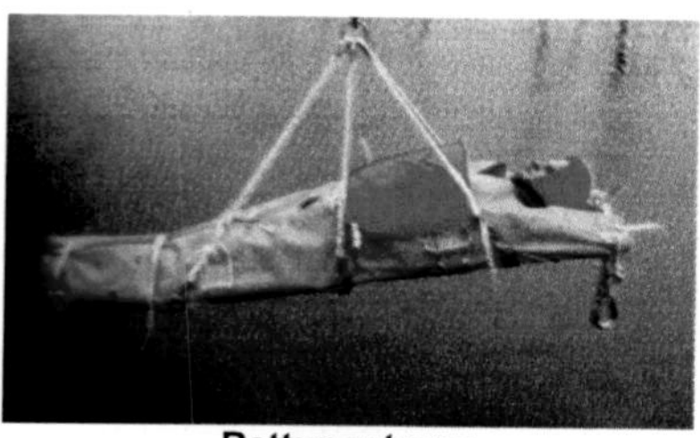

Rettungstrage

- **Hilfeleistung durch Hubschrauber**

13.

Wie ist die Rettungsschlinge anzulegen?

Die Rettungsschlinge wird mittels der Winde des Hubschraubers in die Oberkörperhöhe der zu rettenden Person gefiert.
Die zu rettende Person
- geht in die geschlossene Schlinge hinnein, der Nacken ruht hierbei in der Schlinge, das Gesicht zeigt nach oben

- hebt die Arme hoch und steckt sie durch die Schlinge
- zieht die Schlinge so weit über den Rücken, bis sie unter den Achseln anliegt
- ergreift die Sicherungsschlaufe und zieht diese an den Körper heran.

Jetzt kann das Hieven der zu rettenden Person erfolgen. Die Person darf nicht die Arme heben, es besteht sonst die Gefahr des Herausrutschens.

14.

Was ist beim Gebrauch von Hubschrauber-

Sie dürfen nicht:
- vom Seil abgehakt
- am Schiff festgemacht

rettungsschlingen weiter zu beachten?

- um die Hand gewickelt
- unter Deck gezogen

werden.

15.

Was ist bei der Aufnahme von Schiffsbrüchigen zu beachten?

Bei der Aufnahme ist zu beachten, dass jeder Schiffsbrüchige

- unterkühlt
- entkräftet und
- verletzt

sein kann und unkontrolliert handelt.

Der Grad der Unterkühlung ist abhängig von der Temperatur und Verweildauer

- im kalten Wasser
- im offenen Rettungsoot bzw. Floß
- bei kaltem und nassem Wetter.

Weiter ist zu beachten, dass die Aufnahme aus dem Wasser und der weitere Transport möglichst waagerecht erfolgt und Schiffsbrüchige mit schwersten gesundheitlichen Beeinträchtigungen vordringlich zu behandeln sind.

- **Schiffsbrüchige im offenen Floß**

Tochterboot des Rettungskreuzers; sichert die Aufnahme und den Transport von Schiffsbrüchigen

Tochterboot

- **Rettungskreuzer bereit zum Einsatz**

Arbeitssicherheit und Unfallverhütung

Persönliche Schutzausrüstung

1.

Wann muss der Reeder dafür sorgen, dass persönliche Schutzausrüstung eingesetzt wird?

Der Reeder hat persönliche Schutzausrüstung dann einzusetzen, wenn die Gefahren nicht durch
- allgemein schützende technische Einrichtungen oder
- organisatorische Maßnahmen

vermieden oder ausreichend begrenzt werden können.
Er hat die geeignete persönliche Schutzausrüstung auf der Basis einer Gefährdungsermittlung auszuwählen und für den ordnungsgemäßen Zustand zu sorgen.

- **Arbeitsschwimmweste – Schutzausrüstung bei der Arbeit an Deck**

2.

Was ist bei der Benutzung der persönlichen Schutzausrüstung zu beachten?

Die zur Verfügung gestellte persönliche Schutzausrüstung ist
- auf ihren ordnungsgemäßen Zustand zu prüfen
- bestimmungsgemäß zu tragen und
- pfleglich zu behandeln.

Sobald die Schutzwirkung durch Mängel nicht mehr gegeben ist, muss
- der gefährdete Bereich verlassen bzw.
- die gefährdende Tätigkeit eingestellt

werden.
Mängel an der persönlichen Schutzausrüstung sind dem Vorgesetzten zu melden.

3.

Wann ist ein Schutzhelm zu tragen?

- **Arbeit auf dem Fangdeck**

Der Schutzhelm ist bei solchen Arbeiten zu tragen, bei denen Werkzeuge oder Gegenstände von oben fallen können und dort, wo man sich den Kopf stoßen kann.
Ein Schutzhelm ist insbesondere beim
- Laden und Löschen
- Laschen von Ladung
- Reinigen von Laderäumen

Des Weiteren bei
- Arbeiten am Ladegeschirr und Mast
- Instandhaltungsarbeiten im Maschinenbereich der Maschine
- Arbeiten auf dem Fangdeck
- Werftliegezeiten

zu tragen.

- **Gebotszeichen Schutzhelm Benutzen**

Arbeitssicherheit und Unfallverhütung

4.

Welcher Fußschutz findet an Bord Verwendung?

An Bord finden Schutzschuhe
- ohne durchtrittsicheren Unterbau
- mit durchtrittsicherem Unterbau und
- wärmeisoliertem Unterbau

Verwendung.
Sie sind in Abhängigkeit der Gefährdung bei Instandhaltungsarbeiten, Aufklarungs- und Transportarbeiten insbesondere im Maschinenraum, Laderaum und auf dem freien Deck zu tragen.

- **Gebotszeichen Schutzschuhe benutzen**

5.

Wann ist ein Augen- oder Gesichtsschutz zu benutzen?

Ein Augen- oder Gesichtsschutz ist zu tragen bei:
- Schweiß-,
- Schleif-,
- Trenn-,
- Meißel-,
- Entrostungs- und Strahlungsarbeiten

sowie Tätigkeiten, bei denen es zu Augen- und Gesichtsverletzungen kommen kann.

Gebotzeichen – Augenschutz benutzen!

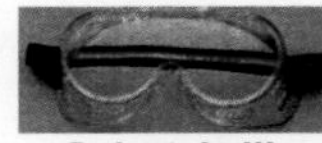

- **Schutzbrille**

- **Schutzhelm mit Schutzschild**

6.

Wann sind Atemschutzgeräte zu tragen

- **Einsatz des Atemschutzgeräteträgers wird vorbereitet**

- **Tank geöffnet**

Atemschutzgeräte sind zu tragen beim Begehen von Räumen, die von der Außenluft abgeschlossen waren, insbesondere

- Laderäume
- Pumpenräume
- Ladetanks
- Wassertanks
- Leerräume
- Rohrtunnel
- Kofferdämme
- Brennstofftanks
- Schmieröltanks
- Abwassersammeltanks sowie Tanks von Abwasseraufbereitungsanlagen.

Des Weiteren sind Atemschutzgeräte bei Arbeiten mit Gefahrstoffen und bei der Brandabwehr zu verwenden.

- **angelegtes Atemschutzgerät**

- **Gebotszeichen Atemschutz benutzen**

Arbeitssicherheit und Unfallverhütung

7.

Bei welchen Tätigkeiten an Bord ist der Auffanggurt mit Falldämpfer anzulegen?

Der Auffanggurt mit Falldämpfer ist dann anzulegen, wenn eine Absturzgefahr besteht, insbesondere bei Arbeiten

- auf Stellagen
- an Aufbauten
- an Schornsteinen
- außenbords an Bordwänden
- an Masten
- im Bereich von Glattdeckluken
- zur Sicherung der Ladung.

- **Auffanggurt**

- **geprüfte Sicherheit**

- **Auffanggurt mit Falldämpfer**

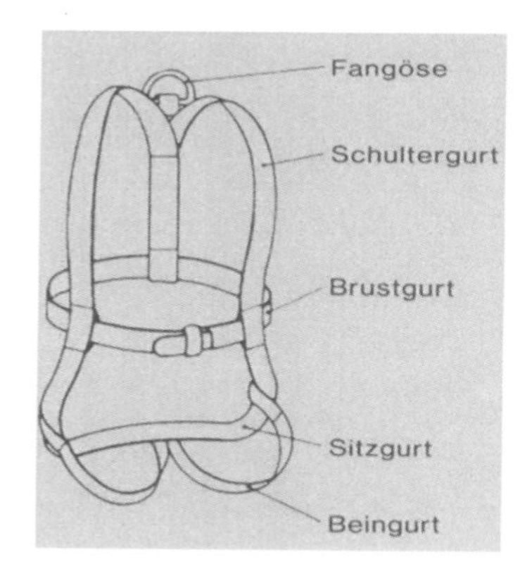

8.

Wann ist Gehörschutz zu tragen?

Gehörschutz ist in Räumen und bei Tätigkeiten, wo ein Lärmpegel von 85 dB(A) und mehr herrscht, zu tragen.

- **Maschinenraum**

9.

Wann sind Arbeitssicherheitswesten zu tragen?

Arbeitssicherheitswesten sind zu tragen, wenn während der Arbeit die Gefahr des Sturzes ins Wasser besteht. Insbesondere bei

- Außenbordsarbeiten auf Stellagen
- auf Flößen
- in Booten.

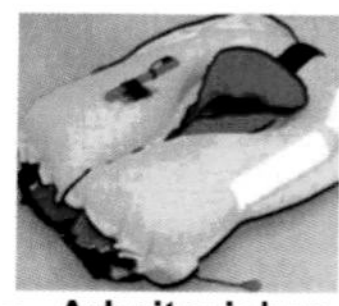

- **Arbeitssicherheitsweste**

Arbeitssicherheit und Unfallverhütung

10.

Bei welchen Tätigkeiten sind Schutzhandschuhe zu tragen?

- **Schutzhandschuhe beim Schlachten**

Schutzhandschuhe sind beim
- Hantieren mit scharfkantigen Gegenständen
- offenen Umgang mit Chemikalien
- Umgang mit hautschädigenden und hautresorbierbaren Stoffen
- Auswechseln und Schleifen von Messern
- Schlachten von Fischen und bei
- Schweißarbeiten

zu tragen.

- **Gebotszeichen Schutzhandschuhe benutzen**

11.

Bei welchen Tätigkeiten sind partikelfilitrierende Halbmasken zu benutzen?

Partikelfilitrierende Halbmasken sind bei Tätigkeiten zu benutzen, wo gefährliche Stäube auftreten. Dies betrifft bestimmte Ladungsarbeiten sowie Entrostungsarbeiten.

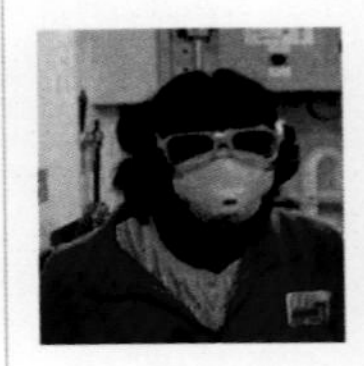

12.

Welche Bekleidung ist bei der Arbeit an Bord zu tragen?

Bekleidung, die Arbeitsunfälle verursacht durch
- bewegliche Teile
- Hitze
- ätzende Stoffe
- elektrostatische Aufladung

ausschließt.
Es ist festes rutschsicheres Schuhwerk zu tragen.
Langes Kopf- und Barthaar ist durch
- Kopfschutzhauben und
- Haarnetze

zu sichern, wenn durch bewegende Teile von Einrichtungen eine Gefährdung besteht.

- **Schraubendreher sind nicht in der Arbeitsbekleidung zu tragen**

Gefährliche Arbeiten

13.

Was ist bei gefährlichen Arbeiten sicher zu stellen?

Gefährliche Arbeiten dürfen nur ausgeübt werden unter:
- Anleitung und Überwachung eines Aufsichtsführenden
- unter Berücksichtigung der erforderlichen für den Einzelfall notwendigen Sicherheitsmaßnahmen.

- **Aufsichtsführender: Kapitän, nautischer bzw. technischer Offizier**

Arbeitssicherheit und Unfallverhütung

14.

Wann handelt es sich um gefährliche Arbeiten?

Gefährliche Arbeiten sind u.a.:

- Befahren von
    - Behältern oder engen Räumen
    - Tanks
    - Bunkern
- Feuerarbeiten
    - in brand- oder explosionsgefährdeten Bereichen
    - an geschlossenen Hollkörpern
- Druckproben und Dichtigkeitsprüfungen an Behältern
- Erprobung von Großanlagen
- Bestimmte Arbeiten an elektrischen Anlagen und Einrichtungen
- Arbeiten in gasgefährdeten Bereichen.

15.

Bei welchen Arbeiten sind Vorkehrungen gegen Absturz zu treffen?

Bei allen über einzelne Handgriffe hinausgehende Arbeiten,die

- außenbords
- an Deck außerhalb der Reling
- am Mast
- im Bootsmannsstuhl
- auf Stellagen oder
- an anderen gefährlichen Stellen

durchgeführt werden sollen, sind Vorkehrungen gegen Absturz zu treffen.

- **Sicherheits-netz am Landgang**

16.

Was ist bei Instandsetzungsarbeiten an Maschinen, Anlagen und Einrichtungen Zu beachten?

Instandsetzungsarbeiten an Arbeitsstätten und Arbeitseinrichtungen sind nur dann durchzuführen, nachdem diese durch

- abschalten
- absperren
- trennen von der Energiezufuhr

gesichert und zum Stillstand gekommen sind und keine gespeicherte Energie Gefährdungen hervorrufen kann.

Des Weiteren die

- elektrische Sicherungen herausgenommen und
- Warnschilder

angebracht sind.

- **Instandhaltungsarbeiten**

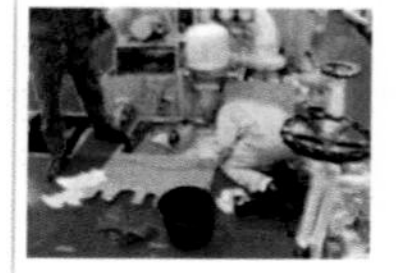

17.

Wann handelt es sich um Gefahrstoffe?

In der Gefahrstoffverordnung werden solche Stoffe und Zubereitungen als gefährlich eingestuft, die eine oder mehrere der folgenden Eigenschaften aufweisen:

- explosionsgefährlich
- brandfördernd
- hochentzündlich
- leichtentzündlich
- entzündlich
- sehr giftig
- giftig
- mindergiftig
- ätzend
- reizendsensibilisierend
- krebserzeugend
- fortpflanzungsgefährdend
- erbgutverändernd
- umweltgefährlich.

O

Brandfördernd

Sehr giftig

T

Giftig

T+

C

Ätzend

Xi

Reizend

N

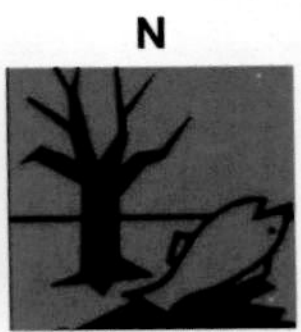

Umweltgefährlich

E

Explosionsgefährlich

F+

Hochentzündlich

F

Leichtentzündlich

Xn

Gesundheitsschädlich

18.

Wo findet man Sicherheitshinweise für die Verwendung von Gefahrstoffen?

Sicherheitshinweise findet man auf
- Verpackungen

- Betriebsanweisungen und
- Sicherheitsdatenblättern.

- **Sicherheitshinweis auf einer Verpackung**

19.

Welche Hinweise kann man aus den Betriebsanweisungen für den Umgang mit Gefahrstoffen entnehmen?	Die Betriebsanweisungen enthalten Angaben: • zu den Gefahren für Mensch und Umwelt • zu Schutzmaßnahmen und Verhaltensweisen • zum Verhalten im Gefahrenfall • zur Erste Hilfe und • zur sachgerechten Entsorgung der Gefahrstoffe.

20.

Welche Pflichten sind bei der Herstellung und Zubereitung von Gefahrstoffen zu beachten?	Gefahrstoffe und Zubereitungen sind einzustufen und durch: • den Namen des Stoffes • das Gefahrensymbol und Gefahrenbezeichnung • R- und S- Sätze • den Namen und die Anschrift des Herstellers oder Vertreibers zu kennzeichnen.

Verhalten in gefährlichen Räumen

21.

Was ist ein gefährlicher Schiffsraum?	Ein gefährlicher Schiffsraum ist u.a. der: • Laderaum • Ladetank • Wassertank • Leerraum • Kofferdamm • Rohrtunnel • Pumpenraum • Brennstofftank- und Schmieröltank.

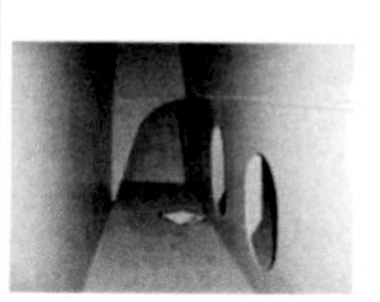

• **Leerraum**

22.

Mit welchen Gefahren muss in gefährlichen Räumen gerechnet werden?	In gefährlichen Räumen muss mit • dem Fehlen von Luftsauerstoff • giftigen Gasen und Dämpfen • explosionsfähigen Gas/luftgemischen • explosionsfähigen Dampf/Luftgemischen gerechnet werden.

23.

Wie kommt es zum Fehlen des lebenswichtigen Sauerstoffs?	Sauerstoffmangel kann auftreten, wenn • die Räume eine längere Zeit von der Außenluft abgeschlossen waren • Güter zur Selbsterhitzung und Selbstentzündung neigen.

24.

Welche Ladungen können eine Sauerstoffverarmung hervorrufen?

Nachfolgend aufgeführte Ladungen können zur Sauerstoffverarmung führen:

- Getreide und Rückstände aus der Getreideverarbeitung
- Ölsaaten sowie Erzeugnisse und Rückstände aus Ölsaaten
- Kopra
- Holz in Form von Paketholz oder Stammholz,
- Papierholz, Grubenholz
- Holz in bearbeiteter Form
- Jute, Hanf, Flachs, Sisal, Kapok, Baumwolle
- andere pflanzliche Faserstoffe
- tierische Fasern
- tierische oder pflanzliche Stoffasern
- Wollabfall
- Rohstoffe für die Paperfabrikation
- Fischmehl
- Guano
- sulfidische Erze und Erzkonzentrate
- Kohle
- direktreduziertes Eisen
- Metallabfälle
- Schrott

u.a.

25.

Welche Maßnahmen sind vor dem Betreten von gefährlichen Räumen zu treffen?

Das Betreten eines gefährlichen Raumes darf nur nach Genehmigung des zuständigen Schiffsoffiziers erfolgen. Vor dem Betreten des gefährlichen Raumes sind nachstehende Maßnahmen zu treffen:

- der Raum ist vorher zu belüften
- der Raum ist nur durch einen ausgebildeten Geräteträger mit Pressluftgerät und angelegter Sicherheitsleine zu betreten
- es ist ein zweites Pressluftgerät bereitzuhalten
- es ist bei zusätzlich Gefährdungen persönliche Schutzbekleidung anzulegen
- das Betreten des Raumes ist durch eine Person in unmittelbarer Nähe des Zuganges zu beaufsichtigen
- die Verständigung zwischer der Aufsichtsperson und der den Raum betretenden Person ist zu sichern
- zu verwendende elektrische Geräte müssen eine geeignete Zündschutzart aufweisen.

- **Verbotszeichen Zutritt für Unbefugte verboten**

Arbeitssicherheit und Unfallverhütung

26.

Wann darf ein gefährlicher Raum ohne Pressluftgerät betreten werden?

Das Betreten eines gefährlichen Raumes ohne Pressluftgerät darf erst erfolgen, wenn zuvor
- der Raum belüftet und während der gesamten Dauer des Aufenthaltes belüftet wird
- in kurzen Zeitabständen durch Wiederholungsmessungen mit einem Gasspürgerät und Gaskonzentrationsmessgerät Gasfreiheit festgestellt wurde.

Anschlagen von Lasten

27.

Welchen Anforderungen müssen Lastaufnahmemittel und Anschlagmittel entsprechen?

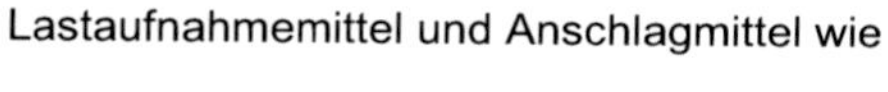

Lastaufnahmemittel und Anschlagmittel wie

Netzbrook

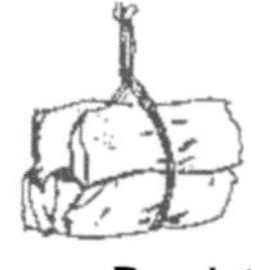

Rundstropp

Fasshaken

- **4 – Strang – Gehänge**

Fasshaken

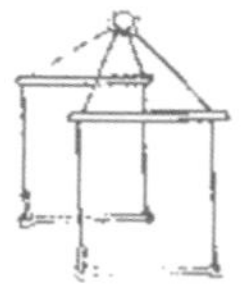

Palettengeschirr

Palettengabel

Anschlaggeschirr PKW

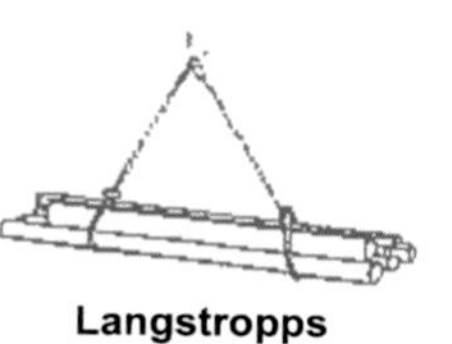

Langstropps

- **Containerumschlag**

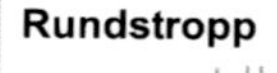

Rundstropp

Sackbrook

Rollengabel

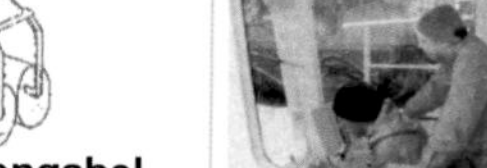

- **Windenfahrstand**

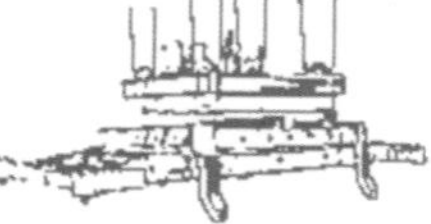

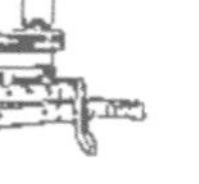

Spreader für Container

Elektro-Lastmagnet

- **Container-umschlag**

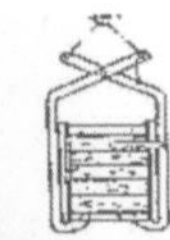

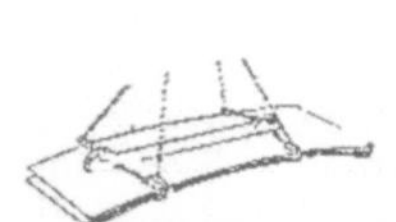

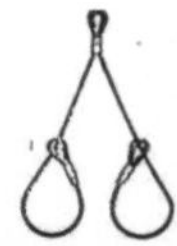

Ballenklaue **Plattenklaue** **Schnatter**

u.a. müssen der zu erwartenden Beanspruchung, insbesondere der Nutzlast genügen.

28.

Wann dürfen Anschlagmittel nicht mehr verwendet werden?

Anschlagmittel dürfen nicht mehr verwendet werden, wenn sie
- Beschädigungen
- Quetschstellen
- Garnbrüche
- Schnitte
- Abschürfungen
- Knoten

aufweisen.

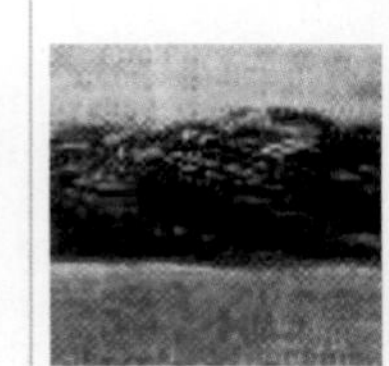

- **beschädigtes Anschlagseil**

29.

Was ist bei der Benutzung der Anschlagmittel zu beachten?

Vor der Benutzung der Anschlagmittel sind die
- Gewichtangaben
- Handlungshinweise und
- Gefahrgutaufkleber auf der Verpackung

zu beachten.

Die Anschlagmittel sind vor und nach der Benutzung
- auf Beschädigungen zu überprüfen und auszutörnen.

Die Anschlagmittel sind so zu handhaben, dass
- eine Beschädigung ausgeschlossen wird
- aus der Hiev keine Einzelteile abstürzen bzw. ausschiessen können
- die Tragfähigkeit der Anschlagmittel nicht überschritten wird
- keine Personen sich unter der Last aufhalten
- keine ruckartige Belastung der Anschlagmittel erfolgt
- die Lasten senkrecht angehoben werden.

- **Sicherung wird gelöst**

- **Warnung vor schwebender Last**

- **schwebende Last**

Schweißarbeiten

30.

Wo dürfen keine Schweiß-

Schweißarbeiten dürfen nicht durchgeführt werden:

- an Bauteilen mit entzündbaren Werkstoffen
- an Bauteilen, die an nicht gasfreien Schiffsräumen angrenzen
- an Decken und Wänden von Schiffsräumen, in denen explosions- und feuergefährliche Gase entstehen können
- an oder in der Nähe von offenstehenden Schiffsräumen in den sich feuer- oder explosionsgefährliche Materialien befinden
- an oder in der Nähe der Luftrohre von Tanks und Behältern mit entzündlichen Stoffen
- an oder in der Nähe von Tanks, Behältern oder deren Rohrleitungen, in denen sich brennbare Gase oder Flüssigkeiten befunden haben und die zuvor nicht entleert, gereinigt und nachweislich gasfrei gemacht sind.

Hinweis:
- **Ohne Genehmigung des verantwortlichen Offiziers sind keine Schweißarbeiten durch zu führen**

31.

Worauf beruhen die Brandgefahren bei Schweißarbeiten`?

Die Gefahren beim Schweißen beruhen auf
- der hohen Temperatur der sichtbaren Flamme
- der zündfähigen Temperatur der Funken und Schmelzperlen und des Sprühens der Funken beim Schweißen.

- **Schweißfunken**

32.

Welche Sicherheitsmaßnahmen sind bei Schweißarbeiten zu treffen?

Sicherheitsmaßnahmen zur Verhütung eines Brandes beim Schweißen sind u.a.
- Entfernen von brennbaren Werkstoffen oder Gegenständen in der näheren Umgebung der Arbeitsstelle oder
- Abdecken dieser mit nichtbrennbaren Platten
- Abdecken und schließen von Öffnungen und Schlitzen
- Säubern des Bereiches von Ölen und Fetten
- Bereithalten eines tragbaren Feuerlöschers (Pulver A,B,C)
- Aufstellen einer Brandwache.

- **Schweißarbeiten in engen Räumen**

33.

Welche Maßnahmen sind unmittelbar nach Beendigung der Schweißarbeiten durchzuführen?

Der Arbeitsbereich ist zu untersuchen, ob Gegenstände sich
- entzündet haben oder
- schwelen.

Die Untersuchung ist in geringen Zeitabständen zu wiederholen

Hinweis:
- Hohlräume, Fugen oder Risse sind besonders zu überprüfen.

Arbeitssicherheit und Unfallverhütung

Rauchverbot

34.

Wo darf niemals geraucht werden?

Niemals darf geraucht werden:
- in der Koje
- liegenderweise auf dem Sofa
- in Laderäumen
- in der Nähe von Luken
- in gekennzeichneten feuer- und explosionsgefährdeten Bereichen.

Verbotszeichen

- **gefährliche Ladung Nicht rauchen**

Aufenthaltsverbot

35.

Wo darf man sich an Bord nicht unnötig aufhalten?

Ein Aufenthaltsverbot besteht für
- gefährliche Stellen (insbesondere unter schwebenden Lasten)
- im Arbeitsbereich von Winden und Kranen
- in Tanks
- unbeleuchteten Laderäumen und Decks
- im Bereich ungesicherter Luken
- an laufenden Leinen
- auf Manöverstationen
- durch Witterungseinflüsse gefährdete Stellen
- in unübersichtlichen Verkehrs- und Transportbereichen.

- **schwebende Last**

Einschließgefahr

36.

Wo besteht Einschließgefahr?

Einschließgefahr besteht für Schiffsräume, Tanks und Räume, die keinen von innen zu öffnenden Ausgang oder Notausstieg besitzen wie
- Leerzellen
- Kofferdämme
- Koker
- Rohrtunnel
- Schächte
- Kessel
- Triebwerksräume.

- **Hinweis: Es ist sicher zu stellen, dass keine Personen eingeschlossen werden**

Treppen und Türen

37.

Wie sind steile Treppen zu begehen?

Steile Treppen sind nur
- unter sicherem Halt am Geländer
- mit dem Gesicht zur Treppe

zu behen.

Der Handtransport von Lasten ist nur
- bis zu einem Höchstgewicht von 15 Kg und

Unzulässig ist:

- **das Abwärtsspringen**
- **das Abwärtsgleiten**

- bei einem festen Halt am Geländer zulässig.

38.

Wie sind schwere und selbstschließende Türen zu durchschreiten?

Schwere und selbstschließende Türen sind
- beim Durchschreiten festzuhalten
- beim Transport von Lasten vorher in geöffneter Stellung zu sichern.

Leitern

39.

Was ist bei der Benutzung von Anlegeleitern zu beachten?

Eine Anlegeleiter darf nur benutzt werden, wenn
- Ihre Eignung und Beschaffenheit geprüft wurde
- sie sicher begehbar angelegt und gegen Abrutschen und Kippen gesichert ist.

Bei im Seegang oder aus anderen Gründen arbeitendem Schiff, sind Arbeiten mit Leitern nur
- aus einem zwingenden Grund
- im geringem Umfang
- mit angelaschtem Leiterkopf

auszuführen.

- **Die Leiterfüße sind nicht auf ungeeignete Unterlagen, wie Kisten, Stapel, Tische und ähnliches, oder auf lose Unterlagen aufzusetzen**

Chemiefaserseile

40.

Was ist beim Gebrauch und der Pflege von Trossen aus Chemiefasern zu beachten?

Beim Gebrauch von Trossen aus Chemiefaserseilen ist zu beachten:
- das die Oberfläche von Spillköpfen, Klüsen, Umlenkrollen oder Pollern glatt und frei von Rost, und die beweglicheTeile gut gangbar sind
- die Trossen nicht über scharfe Kanten gezogen werden
- das Zutschen möglichst vermindert und jedes Schamfielen vermieden wird
- bei Verwendung als Vorläufer Kauschen eingespleißt sind
- Stopper aus Chemiefaserseilen nur mit hoher Seil-Dehnung verwendet werden
- sich Niemand in Richtung einer unter Kraft stehenden Trosse aufhält
- das Festmachen des Schiffes möglichst nur mit Trossen gleicher Seil-Dehnung erfolgt.

- **Oberflächen von Spillköpfen müssen glatt und rostfrei sein**

Arbeitssicherheit und Unfallverhütung

Bei der Pflege ist zu beachten:
Chemiefaserseile sind
- gegen Sonneneinstrahlung und Nässe zu schützen
- nicht in der Nähe vom Wärmequellen zu lagern
- nicht mit Chemikalien in Berührung zu bringen
- von Zeit zu Zeit sorgfältig auf innere und äußere Schäden zu untersuchen.

Beschädigte Kauschen sind zu erneuern, lose Kauschen neu einspleißen.

- **Festmacherleine belegt**

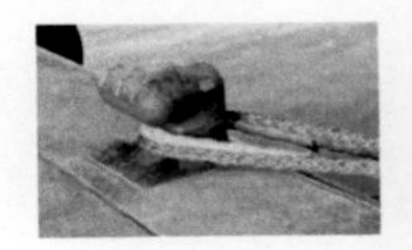

Erste Hilfe

Grundsätze

1.

Welche Grundsätze sind bei der Gewährleistung der Ersten Hilfe zu beachten?

- **richtige Lagerung**

Ein Besatzungsmitglied, das Erste Hilfe leistet, muss:

- unverzüglich den Wachhabenden Offizier auf der Brücke informieren
- Ruhe bewahren
- zielstrebig handeln
- Schmerzen durch sachgerechte Lagerung oder andere Maßnahmen lindern
- zusätzliche Schädigungen verhindern
- den Verletzten betreuen und trösten
- Zuversicht ausstrahlen.

- **Unfall ist unverzüglich zu melden**

- **Transport mit der Krankentrage**

Bedrohliche Blutungen

2.

Welche Erste Hilfe Maßnahmen sind bei bedrohlichen Blutungen zu leisten?

Erste Hilfe Maßnahmen sind:

- Blutendes Körperteil hochhalten
- Aufpressen auf die Blutungsstelle

Abdrückpunkte

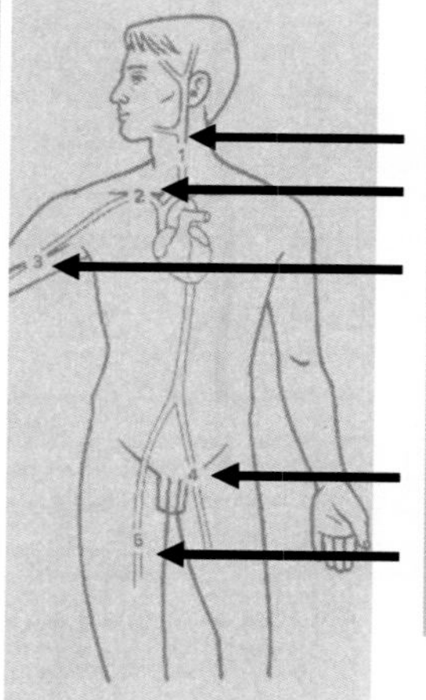

1. Halsschlagader
2. Schlüsselbeinschlagader
3. Oberarmschlagader
4. Äußere Hüftschlagader
5. Oberschenkelschlagader

- Abdrücken
- Anlegen eines Druckverbandes.

- **Rettungszeichen Erste Hilfe**

3.

Wie ist der Druckverband anzulegen?

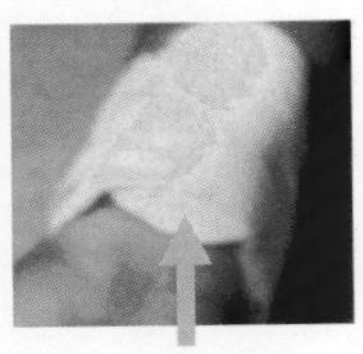

- **Druckmaterial**

Es ist eine sterile, trockene Wundauflage auf die Wunde zu legen. Auf diese ist das Druckmaterial aufzulegen. Es muss mindestens 1 cm grösser als die Wunde, hart und fest sein.

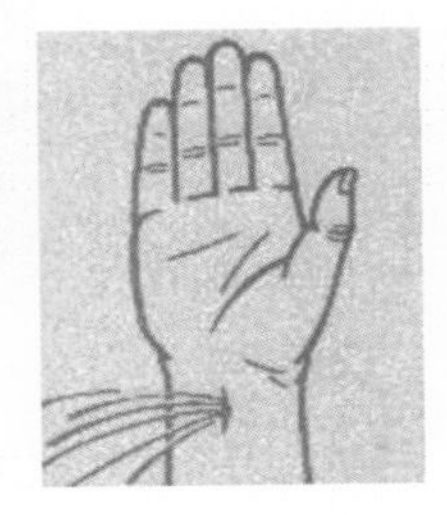

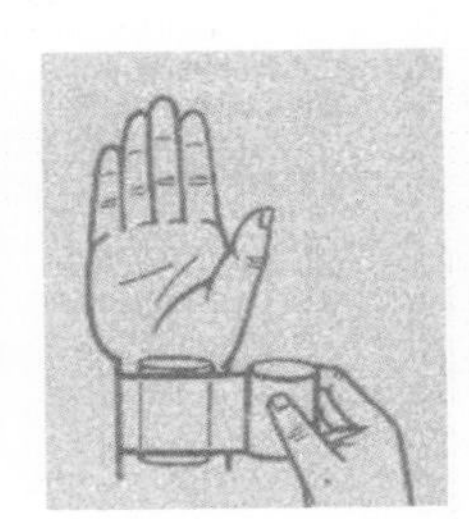

Der Druck muss senkrecht auf die Wunde erfolgen, damit sich die Wundränder schliessen.

Wunde nie mit:

- **den Fingern berühren**
- **Wasser auswaschen**
- **verschmutzten Tüchern verbinden**
- **Salben oder anderen Mitteln behandeln**

4.

Wie ist ein Bindenverband anzulegen?

Beim anlegen sind folgende Hinweise zu beachten:

- nur so fest anlegen, dass die Wundauflage nicht verrutscht, schnürrt oder staut
- Arm- und Beinverbände sind von unten nach oben zu wickeln
- der Anfang ist durch einen schräg angelegten Festhaltegang zu beginnen
- die Binde ist spiralförmig nach oben zu wickeln, dabei ist die Hälfte des vorherigen Bindeganges zu überdecken
- der Wundbereich ist ausreichend zu verbinden
- das Bindenende ist mit Pflasterstreifen durch verknoten oder durch unterstecken zu befestigen.

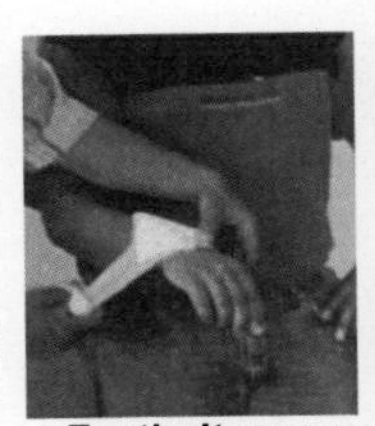

- **Festhaltegang**

Bewustlosigkeit

5.

Welche Massnahmen sind bei Bewußtlosigkeit durchzuführen?

Der Unfallbetroffene ist in die stabile Seitenlage zubringen, der lose sitzende Zahnersatz und Erbrochenes sind aus dem Mund zu entfernen.

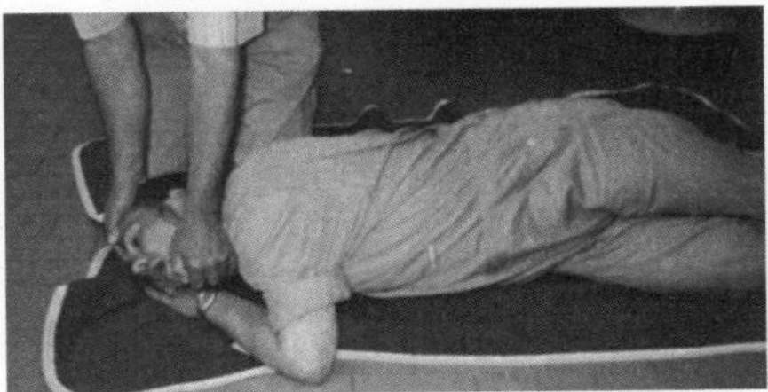

- **stabile Seitenlage**

6.

Wie erkennt man Atemstillstand und welche Gefahr besteht für den Unfallbetroffenen?

Charakteristische Merkmale beim Atemstillstand sind:
- keine Atemgeräusche
- keine Atembewegungen
- keine Ausatemluft.

Es besteht die Gefahr des Hirntodes durch Sauerstoffmangel.

7.

Welche Maßnahmen sind bei Atemstillstand zu treffen?

Es ist die
- Mund- zu- Nase Beatmung oder
- Mund- zu- Mund Beatmung

vorzunehmen.
Fremdkörper sind vorher aus dem Mund und Rachen zu entfernen.

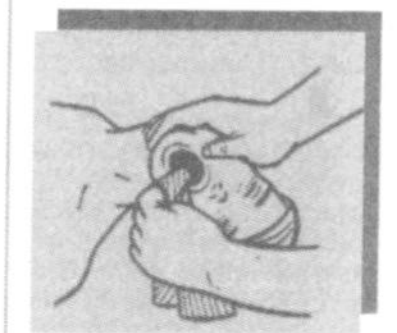

- **Entfernung der Fremdkörper**

8.

Wie ist die Beatmung Mund zu Mund vorzunehmen, nachdem festgestellt wurde, dass ein Bewußtloser nicht mehr atmet?

Vor Beginn sind ggf. auffällige Hindernisse aus dem Mundraum zu entfernen.
Danach ist
- der Hals zu überstrecken
- das Kinn nach vorn zu schieben
- der Mund zu öffnen
- die Nase mit Zeigefinger und Daumen verschliessen
- ein luftdichter Abschluss zwischen den Lippen des Helfers herzustellen und
- die Ausatemluft in die Lunge des Bewustlosen zu blasen bis der Brustkorb sich hebt.

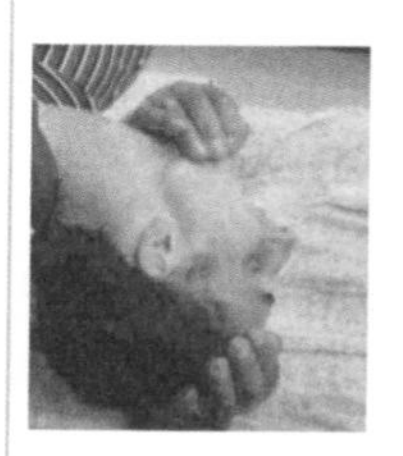

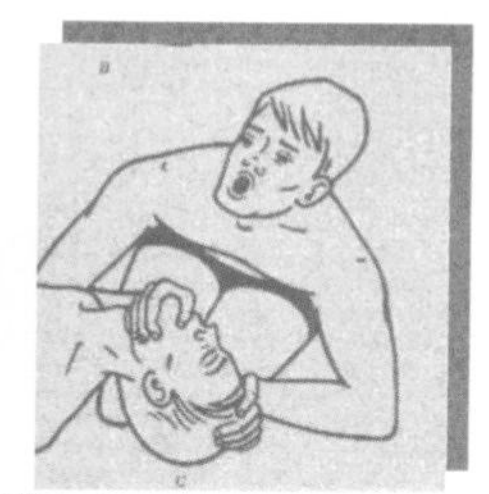

Mund zu Mund Beatmung

- **Lagerung des Kopfes bei künstlicher Beatmung**

9.

Wie ist die Beatmung Mund

Vor Beginn sind ggf. auffällige Hindernisse aus dem Mundraum zu entfernen.

Erste Hilfe

zu Nase vorzunehmen, nachdem festgestellt wurde, dass ein Bewußtloser nicht mehr atmet?

Danach ist
- der Hals des Bewußtlosen zu überstrecken
- der Mund des Bewußtlosen, mit Hilfe des Daumens, durch Hochschieben der Unterlippe, zu schließen
- ein luftdichter Abschluß zwischen den Lippen des Helfers und der Nase des Bewußtlosen herzustellen
- die Ausatemluft in die Lunge des Bewußtlosen zu blasen bis der Brustkorb sich hebt.

Herz-Kreislauf-Stillstand

10.

Wie erkennt man einen Herz-Kreislauf-Stillstand und welche Gefahr besteht für den Unfallbetroffenen?

Charakteristische Merkmale bei Herz-Kreislauf-Stillstand sind:
- Bewusstlosigkeit
- Atemstillstand
- kein Puls.

Es besteht die Gefahr des Hirntodes durch Sauerstoffmangel.

11.

Welche Maßnahmen sind bei Herz-Kreislauf-Stillstand zu treffen?

Es ist sofort die Herz-Lungen-Wiederbelebung vorzunehmen:
- Druckpunkt aufsuchen
  (etwa 4 cm oberhalb der Spitze des Brustbeins, Brustbein 4 – 5 cm herunterdrücken)

Herzdruckmassage

- Herzdruckmassage und Atemspende im Wechsel.

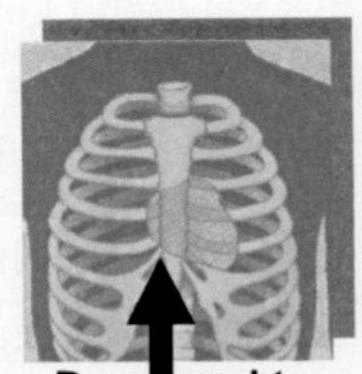

- **Druckpunkt**

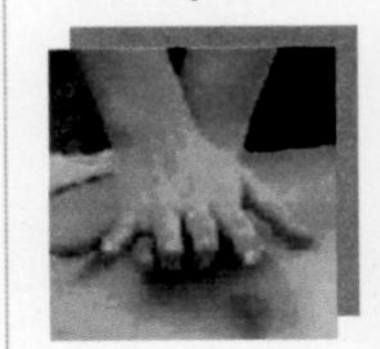

Rhythmus Herzmassage – Beatmung:

- **Bei zwei Helfern 5 : 1**
- **bei einem Helfer 15 : 2**

Erste Hilfe

Schock

12.

Welche Anzeichen charakterisieren den Schock?

Anzeichen für den Schock sind:
- schneller und schwächer werdender Puls
- fahle Blässe
- kalte Haut
- frieren
- Schweiß auf der Stirn
- auffallende Unruhe
- Teilnahmslosigkeit.

Hinweis:
- **Diese Anzeichen treten nicht immer alle und immer gleich zeitig auf!**

13.

Welche Maßnahmen sind bei Schock zu treffen?

Die Erste Hilfe beim Schock erfordert
- die ständige Kontrolle von Bewusstein, Atmung und Kreislauf
- die Herstellung der Schocklage
- den Schutz des Körpers vor Wärmeverlusten
- gegebenfalls Wundbehandlung und
- die Gewährleistung von Ruhe im Bereich des Unfallbetroffenen.

14.

Was versteht man unter der Schocklage?

Der Verunglückte wird flach mit schräg hochgelagerten Beinen gelagert. Vorhandes Material, wie Bekleidungsstücke, Wolldecke u.a. ist unter das Knie zu legen.

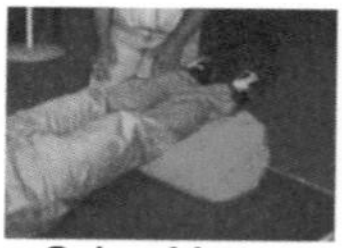

- **Schocklage**

Verbrennung und Verbrühungen

15.

Was sind die Merkmale einer Verbrennung und welche Gefahr besteht für den Unfallbetroffenen?

Kennzeichen einer Verbrennung sind:
- enorme Schmerzen
- Hautrötungen
- Blasenbildung
- tiefgehende Gewebeschädigungen.

Es besteht die Gefahr
- der Infektion
- des Schocks und der Atemstörung.

Ursachen:
- **Berührung von heißen Gegenständen, Flüssigkeiten, Dämpfen oder Gase**
- **offenes Feuer**
- **elektrischer Strom**
- **Bestrahlung**
- **Reibung**

16.

Welche Maßnahmen sind bei Verbrennungen zu treffen?

Es ist
- die brennende Person mit Wasser zu begießen oder

Gefahren:
- **Schock**
- **Infektion**

- die Flamme mit Kleidungsstücken oder Decken zu ersticken
- fließendes kaltes Wasser solange über die verbrannte Hautstelle zu gießen, bis Schmerzlinderung eintritt
- die mit heißen Stoffen behaftete Kleidung zu entfernen
- die Wunde keimfrei abzudecken
- der Körper vor Wärmeverlust zu schützen
- das Bewusstsein, die Atmung und der Kreislauf ständig zu kontrollieren.

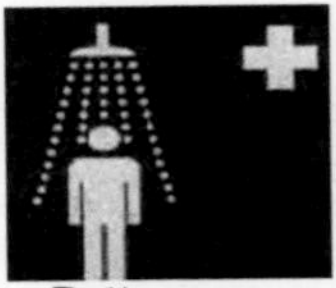

Rettungszeichen Zeichen für Notdusche

17.

Welche Maßnahmen sind bei Verbrühungen zu treffen?

Es ist
- fliessendes kaltes Wasser über die verbrühte Hautstelle zu spülen
- die durchtränkte Kleidung zu entfernen
- die Wunde keimfrei abzudecken.

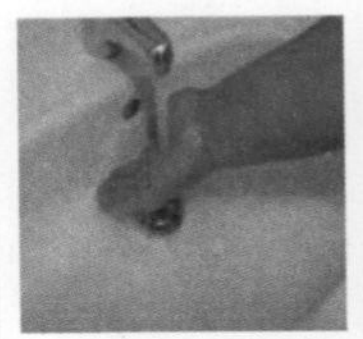

Sonnenstich

18.

Welche Krankheitserscheinungen charakterisieren einen Sonnenstich?

Beim Sonnenstich handelt es sich um eine Hirnschädigung durch direkte Einwirkungen der Sonnenstrahlen auf einen unbedeckten Kopf.
Kennzeichen beim Betroffenen sind:
- Kopfschmerzen
- Schwindelgefühl
- Nackensteifigkeit
- Übelkeit und Erbrechen
- hochroter Kopf.

19.

Welche Maßnahmen sind bei einem Sonnenstich zu treffen

Bei Verdacht eines Sonnenstichs ist
- der Betroffene im Schatten flach mit erhöhtem Kopf zu lagern
- die enge Kleidung zu öffnen.

der Kopf ist mit feuchten, kalten Tüchern zu kühlen.

Richtungsangabe für Erste Hilfe-Einrichtungen

Erfrierungen

20. Wann handelt es sich um eine Erfrierung?	Eine Erfrierung ist eine örtliche Schädigung des Gewebes durch eine längere unzureichende Durchblutung infolge von Kälte. Erfrierungen treten inbesondere an • den Fingern • den Zehen • der Nase • den Ohren und • im Gesicht auf.
21. Wie erkennt man eine Erfrierung?	Die Erfrierung wird in drei Grade unterteilt Das Gewebe ist • blaurot und schmerzhaft – 1.Grad • weiss-gelb, meist steif, noch schmerzempfindlich – 2. Grad • weiss-grau, kalt, hart und gefühllos – 3. Grad Folgeschäden sind: • Blasenbildung und • absterbendes, schwarzes Gewebe.
22. Welche Grundsätze sind bei der Behandlung von Erfrierungen zu beachten?	Grundsätze bei der Behandlung sind: • Aufwärmen des betroffenen Körperteils durch warmes Wasser bei Erfrierungen , die weniger als drei Stunden zurückliegen • Langsames Wiedererwärmen der erfrorenen Körperabschnitte, wenn die Erfrierung vor längerer Zeit eingetreten ist. Der betroffene Körperabschnitt ist bei einer Temperatur von ca. 8°C bis 12 °C kalt zu halten. • Danach ist ein heißer Umschlag 3 cm entfernt vom kalten Umschlag entfernt um den gesunden Teil des Gliedmaßenendes zu legen. Der heiße Umschlag ist nach volständiger Durchblutung der freien Zone unter gleichzeitiger Zurückziehung des kalten Umschlages, zentimeterweise in Richtung des Gliedmaßenendes weiterzuschieben.

Unterkühlung

23. Wann handelt es sich um eine Unterkühlung?	Das Absinken der Körpertemperatur unter den Normalwert wird als Unterkühlung bezeichnet.

24.

Was sind die Kennzeichen einer Unter kühlung?

Die Kennzeichen für eine Unterkühlung sind:
- Frieren
- Kältezittern
- Puls und Atmung ist verlangsamt
- Gänsehaut und Blässe
- Teilnahmslosigkeit.

Knochenbruch

25.

Welche Maßnahmen sind bei Knochenbruch und bei Verletzung eines Gelenkes einzuleiten?

Das verletzte Körperteil ist in der vorgefundenen Lage ruhigzustellen, bei Verdacht auf Wirbelsäulenverletzung ist die Lage des Unfallbetroffen nicht zu ändern.

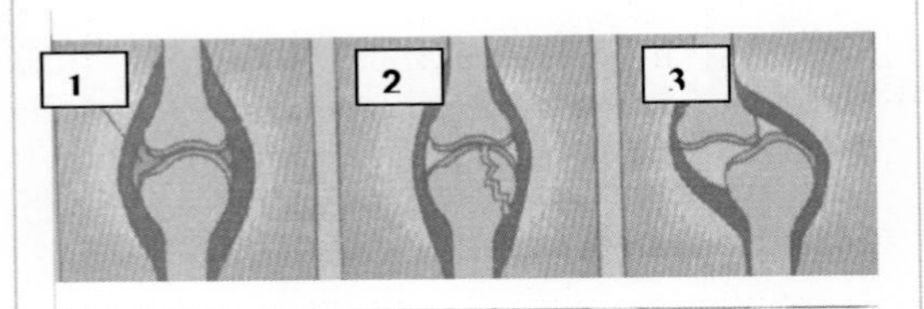

- **Verstauchung 1**
- **Gelenkbruch 2**
- **Verrenkung 3**

Unfall durch elektrischen Strom

26.

Welche Gefahr besteht bei einem Unfall durch elektrischen Strom?

Es besteht die Gefahr
- des Atemstillstandes
- des Herz-Kreislauf-Stillstandes und
- der Verbrennung.

27.

Welche Maßnahmen sind bei einem Unfall durch elektrischen Strom einzuleiten?

Zuerst ist der Stromkreis zu unterbrechen, danach ist
- die Atemspende bei Atemstillstand
- die Herzdruckmassage bei Pulsstillstand

durchzuführen.
Eine Brandwunde ist keimfrei abzudecken.

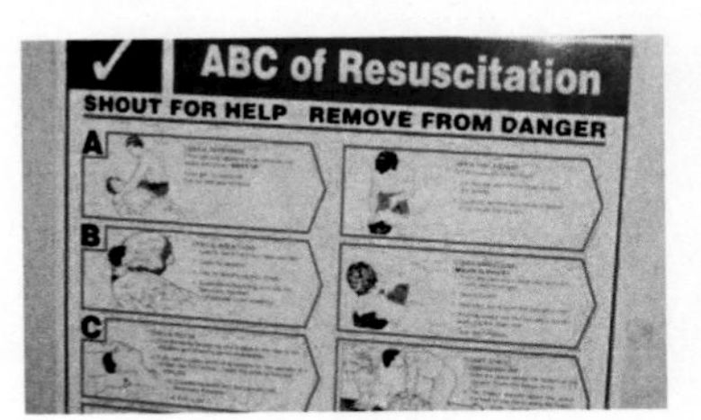

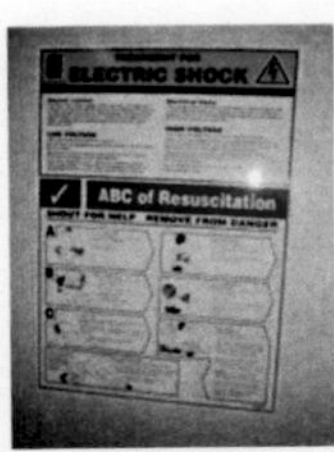

- **Erste Hilfe Anleitung**

Vergiftungen

Vergiftungen

28.

Über welche Aufnahmewege können Gifte in den menschlichen Körper gelangen?

Gifte können über die
- Verdauungswege
- Atemwege und
- Haut

in das das Blut gelangen und über den Kreislauf den gesamten Organismus schädigen.

- **Gefahrensymbol**

29.

Wie erkennt man eine Vergiftung allgemein?

Kennzeichen einer Vergiftung sind:
- Übelkeit
- Erbrechen
- Durchfall
- Plötzlich auftretende krampfartige Schmerzen im Bauch
- Kopfschmerzen
- Schwindelgefühl
- Bewusstseinstrübung bis zur Bewustlosigkeit
- Atemstörungen bis zum Atemstillstand
- Beschleunigung oder Verlangsamung des Pulses.

Beachte:

- **Angaben des Verletzten**
- **Anzeichen im Umfeld für das Einwirken giftiger Stoffe**

Verätzungen

30.

Wie entstehen Verätzungen?

Verätzungen entstehen durch Einwirkungen von
- Säuren
- Laugen
- ätzende Dämpfe
- feste ätzende Stoffe.

- **Gefahrensymbol**

30.

Woran erkennt man eine Verätzung der Haut und welche Gefahren bestehen für den Unfallbetroffenen?

Verätzungen verursachen:
- Rötung
- Blasenbildung
- Gewebezerstörung
- Schmerz.

Es besteht die Gefahr:
- von schlecht heilenden Wunden und
- der Wundinfektion.

- **Augenspülflasche**

Erste Hilfe

31.

Welche Maßnahmen sind bei Verätzung der Haut einzuleiten?

Es ist:

- das kontaminierte Kleidungsstück zu entfernen
- die Haut ausgiebig mit Wasser zu spülen oder notfalls der ätzende Stoff abzutupfen.

.

32.

Woran erkennt man eine Verätzung des Auges? Welche Folgen können eintreten?

Verätzungen im Auge verursachen

- starke Schmerzen
- Tränenfluss
- krampfartiges Zukneifen der Augenlider.

Die Verätzung kann zur Erblindung führen.

33.

Welche Maßnahmen sind bei Augenverätzungen zu treffen?

Das verätzte Auge ist ausgiebig mit fliessendem Wasser zu spülen und danach ist ein keimfreier Verband anzulegen.
Das unverletzte Auge ist zu schützen.

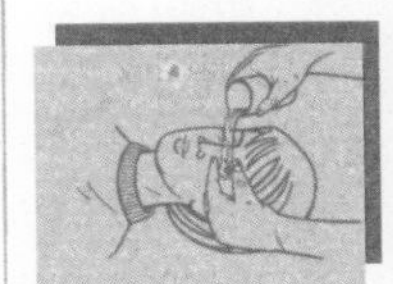

- **Spülen des Auges**

34.

Woran erkennt man eine Verätzung der Verdauungsorgane und welche Gefahren bestehen für den Verletzten?

Eine Verätzung der Verdauungsorgane erkennt man am:

- Speichelfluss und
- weisslichen Belag in Mund und Rachen.

Es besteht die Gefahr :

- des Speiseröhren- oder Magendurchbruches
- des Schocks.

Hinweis:

- **kein Erbrechen herbeiführen**

Nachweis der Befähigung zur Ersten Hilfe

35.

Wer darf zur medizinischen Ersten Hilfe an Bord eines Schiffes im Sinne des STCW – Übereinkommens bestimmt werden?

Zur medizinischen Ersten Hilfe an Bord eines Schiffes dürfen Besatzungsmitglieder bestimmt werden, die nachweisen, dass sie

- bei Unfällen oder Krankheiten an Bord sofortige Erste Hilfe leisten können
- ausreichende Kenntnisse haben, um in solchen Fällen sofort wirksame Maßnahmen einleiten zu können
- in einer praktischen Unterweisung den Nachweis für diese Befähigung erbracht haben.

Sachwortverzeichnis

Sachwortverzeichnis

Sachwortverzeichnis

Sachwortverzeichnis

Wörterverzeichnis Deutsch - Englisch

A

Absperrorgane	walves
Abwehrender Brandschutz	defensive fire protection
Alarm	alarm
Alarmanlagen	alarm systems
Allgemeiner Maschinen Alarm	general machinery alarm
Anschlüsse	connections
Arbeitsabstand	operating distance
Arbeitssicherheitsweste	work vest
Atemschutzgerät	breathing apparatus
Aufblasbare Rettungsweste	inflatable life jacket
Ausbildung der Gruppe	training the unit
Auslösestation	release station
Ausrüstung	equipment
Aussetzkran für Rettungsflöße	life rafts launching crane
Aussetzvorrichtung	launching appliances

B

Baulicher Brandschutz	structural fire protection
Beiholertalje	bowsing tackle
Belehrung	instruction
Bereitschaftsboot	rescue boats
Besatzung	crew
Betrieblicher Brandschutz	operational fire protection
Bootslasching	boat lashings
Bordorganisation	organization on board
Brand	fire
Brandabwehr an Bord	fire defence on board
Brände im Ladungsbereich	fires in the cargo area
Brände im Maschinenraum	engine room fires
Brände im Schiffsbetrieb	fire in ship operation
Brände in Unterkunftsräumen	fires in accommodation spaces
Brandgrenzen	fire boundaries
Brandklassen	classes of fires
Brandlöschanlagen	fire extinguishing systems
Brandlöschgeräte	fire extinguishing appliances
Brandmeldeanlagen	fire alarm systems
Brandmeldung durch Personen	fire alarm raised by persons
Brandmeldung	reporting fire
Brandschutzausrüstung nach SOLAS	fireman's outfit according to SOLAS
Brandschutztüren	fire doors

C

CO_2-Feuerlöschanlage	co_2- fire extinguishing system

D

Davit	davit
Detonation	detonation
Druckschlauch	pressure hose
Druckverteilerleitung	pressure distribution line

E

Einsatzgruppe	defense unit
Einsatzleiter	service chief
Erscheinungsformen des Feuers	forms in which fire appears

Wörterverzeichnis Deutsch - Englisch

Explosimeter	explosimeter
Explosion	explosion
F	
Fahrbares Feuerlöschgerät	mobile fire extinguishing appliance
Fahrbares Feuerlöschgerät	transportable fire extinguishing appliance
Fahrgestell	undercarriage
Feststander	tricing pendant
Feuer an Bord	fire on board
Feuerlöscher	fire extinguishers
Feuerlöschpumpen	fire pumps
Fischmehl	fishmeal
Fluchtretter	emergency escape breathing apparatus
Fluchtwege	means of escape
Freifallaussetzanlage	free-fall launching appliance
Frischwasserdrucktank	pressurised fresh water tank
Frischwasserpumpe	fresh water pump
Füllöffnung	filling aperture
Funktechnische Rettungsmittel	radio life saving appliances
G	
Gasmeßgeräte	gas measuring instruments
Gasspürgeräte	gas detectors
Gefährliche Güter	dangerous goods
Generalalarm	general emergency alarm
Getreide	grain
Großbrand	large fire
Größe	amount
Gruppenführer	group leader
H	
Handbetätigte Berieselungsanlage	water spraying system for manual operation
Handschaumrohre	foam nozzles
Handsprechfunkgerät	radiotelephone apparatus
Hauptmaschine	main engine
Hitzeschutzanzug	heat protective suit
Hochdruckwassersprühanlage	high pressure water spraying system
Hubschrauberrettungsschlinge	helicopter rescue sling
I	
Inhalt	contents
J	
K	
Kapitän	master
Kleinbrand	small fire
Kohlendioxydlöscher	carbon dioxide extinguishers
L	
Leinenwurfgerät	line-throwing apparatus
Löschen von Bränden	extinguishing fires
Löschmittel Kohlendioxyd	extinguisher carbon dioxide
Löschmittel Sand	extinguishant sand
Löschmittel	extinguishants
Löschmittelbehälter	extinguishant container
Löschpistole	extinguisher pistol
Löschpulver	extinguishant powder

Wörterverzeichnis Deutsch - Englisch

Deutsch	Englisch
Löschschaum	extinguishant foam
Löschtaktik	extinction tactics
Löschtechnik	extinction technique
Löschwasser	extinguishant water
Löschwirkungen	extinction mechanisms
Luftkompressor	air compressor
Lüftungssystem	ventilation system
M	
Mann über Bord	person Overboard
Mannschutzbrause	personal protective spray
Maschinentelegraf	engine room telegraph
Mengenverhältnis	proportions of ingredient
Mittelbrand	medium fire
Mittelschaumrohr	medium foam nozzle
N	
O	
Oberlichter	skylights
Ölsaaten	oilseeds
Oxidation	oxidation
P	
Paketholz	packaged timber
Persönliche Rettungsmittel	personal life-saving appliances
Preßluftatmer	compressed-air breathing apparatus
Pulverfeuerlöschanlage	powder fire extinguishing system
Pulverfeuerlöscher	powder extinguishers
Pyrotechnische Signalmittel	pyrotechnic distress signals
Q	
R	
Radartransponder	radar transponder
Rauchmeldeschrank	smoke detector cabinet
Rettungsboot	lifeboat
Rettungsflöße	life rafts
Rettungsmittel	life-Saving Appliances
Rettungsring	lifebuoys
Rettungsweste aus Feststoff	rigid life jacket
S	
Sammelplatz	assembly station / Master station
Sauerstoff	oxygen
Schaumfeuerlöschanlage	foam fire extinguishing system
Schaummittelpumpe	foam concentrate pump
Schaumwerfer	monitors
Schiffsführungsgruppe	command unit
Schiffsführungsgruppe	command Unit
Schläuche	hoses
Schottenschließanlage	watertight door
Schrott	scrap
Schwerkraftdavit	gravity-type davit
Schwerschaumrohr	heavy foam nozzle
Seenotfunkbake	emergency position indicating radio beacon
Selbstentzündung	spontaneous ignition
Sicherheitsrolle	muster list

Wörterverzeichnis Deutsch - Englisch

Sicherheitsventil	safety valve
Sicherheitsventil	safety valve
Sprinkler Anlage	sprinkler System
Sprinkler	sprinkler
Sprinklerpumpe	sprinkler pump
Spritzdauer	spraying time
Sprüstrahl	spay jet
Steinkohle	hard coal
Stellvertretender Gruppenführer	deputy Unit leader
Stickstoff	nitrogen
T	
Telefon	telephone
Tragbare Feuerlöscher	portable fire extinguishers
Tragegriff	carrying handle
Treibanker	sea anchor
Treibmittelbehälter	propellent container
Treibmittelflasche	propelient cylinder
Trennflächen	divisions
U	
Überlebensanzug	survival suit
Unfall	accident
Unterkühlung	hypothermia
Unterstützungsgruppe	support unit
V	
Verbrennung	combustion
Verhalten im Überlebensfahrzeug	conduct in the survival craft
Verpuffung	deflagration
Verschlusseinrichtungen	closing appliances
Verschlusskappe	closing cap
Verteilerstation	distribution station
Vollstrahl	solid jet
Vollzähligkeitskontrolle	check whether everyone is present
Vorbeugender Brandschutz	preventive fire protection
W	
Wärme	heat
Wärmeschutzhilfsmittel	thermal protective aids
Wärmestau	heat build up
Wärmeübertragung	heat transfer
Wasser marsch	water on
Wasserfeuerlöschanlage	water fire extinguishing system
Wassernebel	water spray nozzle
Werkstoffe	materials
X	
Y	
Z	
Zumischer	mixer
Zündbereiche	flammability ranges
Zündtemperatur	ignition temperature

Literaturhinweise

1. Arbeits- und Betriebsanweisungen der Hersteller von Geräten, Einrichtungen und Anlagen
2. davit international, Handbuch
3. Dräger Sicherheitstechnik GmbH, Prospektmaterial
4. Ernst Hatecke, Prospektmaterial
5. Fassmer, Prospektmaterial
6. Gloria, Prospektmaterial
7. Handbuch Schiffssicherungsdienst der Seeberufsgenossenschaft
8. Hygrapha, Sicherheit auf See, Katalog
9. International Maritime Dangerous Goods Code und Unfallmerkblätter
10. Internationales Übereinkommen zum Schutz des menschlichen Lebens auf See(International Convention for the Safety of Life at Sea – SOLAS)
11. KIDDE DREUGA, Prospektmaterial
12. Minimax, Prospektmaterial
13. Rahmenlehrplan für den Ausbildungsberuf Schiffsmechaniker/ Schiffsmechanikerin
14. RAPP SERVIVE MARITIM, Katalog der Sicherheit
15. Unfallverhütungsvorschiften, Merkblätter und Richtlinien der Seeberufsgenossenschaft
16. Verordnung über die Beförderung gefährlicher Güter mit Seeschiffen (Gefahrgutverordnung See – GGVSee)
17. Verordnung über die Berufsausbildung zum Schiffsmechaniker/ zur Schiffsmechanikerin und über den Erwerb des Schiffsmechanikerbriefes
18. Verordnung über die Sicherheit der Seeschiffe (Schiffsicherheitsverordnung – SchSV)